JN014498

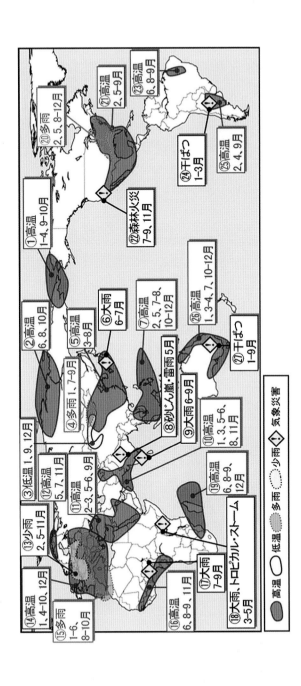

口絵1 2018年の主な異常気象・気象災害の分布図（本文7ページ参照）

（出典 気象庁「気候変動監視レポート2018」）

①高温 1、4、9-10月
②高温 6、8、10月
③低温 1、9、12月
④多雨 1、7-9月
⑤高温 3-8月
⑥大雨 6-7月
⑦高温 2、5、7-8、10-12月
⑧砂じん嵐・雷雨 5月
⑨大雨 6-9月
⑩高温 1、3、5-6、8、11月
⑪高温 2-3、5-6、9月
⑫高温 5、7、11月
⑬少雨 2、5-11月
⑭高温 1、4-10、12月
⑮多雨 1-6、8-10月
⑯高温 6、8-9、11月
⑰大雨 7-9月
⑱大雨、トロピカル・ストーム 3-5月
⑲高温 6、8-9、12月
⑳多雨 2、5、8-12月
㉑高温 2、5-9月
㉒森林火災 7-9、11月
㉓高温 6、8-9月
㉔干ばつ 1-3月
㉕高温 2、4、9月
㉖高温 1、3-4、7、10-12月
㉗干ばつ 1-9月

高温 ●高温 ●低温 低温 ●多雨 多雨 ◌少雨 少雨 ◆気象災害 気象災害

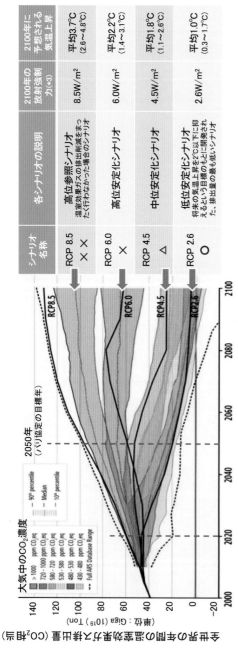

大気中のCO₂濃度

凡例
>1000 ppm CO₂eq
720-1000 ppm CO₂eq
580-720 ppm CO₂eq
530-580 ppm CO₂eq
480-530 ppm CO₂eq
430-480 ppm CO₂eq
— — Full AR5 Database Range
90ᵗʰ percentile
Median
10ᵗʰ percentile

世界の年間の温室効果ガス排出量（CO₂換算）　単位：Giga (10⁹) Ton

2050年（パリ協定の目標年）

RCP8.5　RCP6.0　RCP4.5　RCP2.6

シナリオ名称	各シナリオの説明	2100年の放射強制力(*3)	2100年に予想される気温上昇
RCP 8.5 ××	高位参照シナリオ 温室効果ガスの排出削減をまったく行わなかった場合のシナリオ	8.5W/m²	平均3.7℃ (2.6〜4.8℃)
RCP 6.0 ×	高位安定化シナリオ	6.0W/m²	平均2.2℃ (1.4〜3.1℃)
RCP 4.5 △	中位安定化シナリオ	4.5W/m²	平均1.8℃ (1.1〜2.6℃)
RCP 2.6 ○	低位安定化シナリオ 将来の気温上昇を2℃以下に抑えるという目標のもとに開発された、排出量の最も低いシナリオ	2.6W/m²	平均1.0℃ (0.3〜1.7℃)

* 1　IPCC (Intergovernmental Panel on Climate Change：気候変動に関する政府間パネル)：国際連合環境計画 (UNEP) と世界気象機関 (WMO) によって、気候変動の影響規模や緩和・適応の手法について科学的、技術的、社会経済学的な情報を分析するために設立された。

* 2　RCP (Representative Concentration Pathways：代表濃度経路シナリオ)：IPCCの第5次報告書 (AR5：Assessment Report 5) では、代表的な温室効果ガスの濃度のシナリオ (経路) を複数用意し、それぞれに対する将来の気候を予測するとともに、その濃度経路を実現する多様な社会経済シナリオを想定する「RCPシナリオ」を用いている。それぞれのシナリオで、どのようなアクションを取らなければいけないか、どれぐらいの温暖化が進むのかの議論が行われている。

* 3　放射強制力 (Radiative Forcing)：地表に出入りするエネルギーが地球の気候に対して持つ放射の大きさを示す。正の放射強制力は地球の温暖化を、負の放射強制力は寒冷化を起こす。

口絵 2　温室効果ガス (GHG) 排出の 4 つのシナリオ（本文 9 ページ参照）

（出典　IPCC*1「第 5 次評価報告書」に一部説明を追加）

口絵3 太陽光発電設備を設置する株式会社ソニー・ミュージックソリューションズ JARED 大井川センター（本文 57 ページ参照）

（出典　株式会社ソニー・ミュージックエンタテインメント）

2020 年 2 月、国内初のメガワット級の太陽光発電設備を活用した自己託送エネルギーサービスの運用開始を実現。株式会社ソニー・ミュージックソリューションズの物流倉庫である JARED 大井川センター（静岡県焼津市）に約 1.7MW（1,700kW）の太陽光発電設備を設置し、発生した電力のうち余剰電力を同社の製造工場である静岡プロダクションセンター（静岡県榛原郡吉田町）へ自己託送し、全ての電力を自家消費しています。

口絵4 代表的なスマートイオンとなる 1,000 ｋ W 級の太陽光発電設備を要するイオンモール座間（本文 59 ページ関連記事参照）

（出典　イオン株式会社）

環境配慮型のモデル店舗「エコストア」を脱炭素の視点でさらに進化させた「次世代エコストア（スマートイオン）」の開発に取り組み、2013 年 3 月の 1 号店「イオンモール八幡東」のオープンを皮切りに、2020 年 2 月末までに 11 店舗のスマートイオンが誕生。電気自動車充電器（充電ステーション）を設置するなど、イオングループの標準的店舗と比較して CO_2 排出量を大幅に削減した、環境負荷の少ない店舗づくり、さらには地域と協働で取り組む "まちづくり" や "コミュニティづくり" に取り組んでいます。

口絵5 エコワークス株式会社の目指す LCCM 住宅 (本文 65 ページ参照)

(出典　エコワークス株式会社)

LCCM (Life Cycle Carbon Minus:ライフサイクルカーボンマイナス) 住宅とは、建築時から廃棄まで住宅の一生涯における CO_2 排出量をゼロ以下 (収支マイナス) にする住宅のことです。同社では、LCCM 住宅認定において、ライフサイクル CO_2 排出率ランクで、最高ランクとなる緑星☆☆☆☆☆を全国で初取得しており、LCCM 住宅の普及促進を目指しています。

長野県:川中島水素ステーション (上) と燃料電池車 (右上)

福島県郡山市:市役所本庁舎敷地内にある水素ステーションと燃料電池車

口絵6 ゼロカーボンシティを表明している自治体の「水素ステーション」設置の取り組み (本文 72 ページ、74 ページ参照)

(出典　長野県、福島県郡山市)

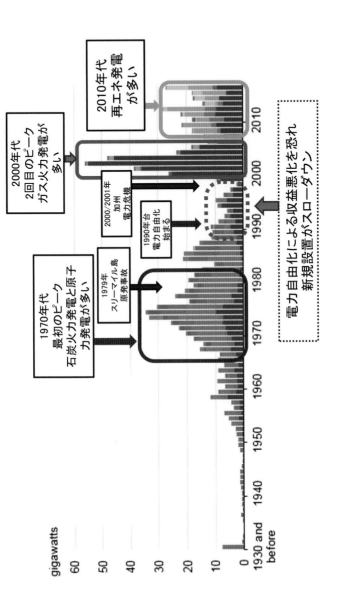

口絵7 米国における新規発電施設の設置状況（本文 80 ページ参照）

（出典 EIA の資料に筆者が説明を追加）

---

gigawatts

60

50

40

30

20

10

0

1930 and before　1940　1950　1960　1970　1980　1990　2000　2010

1970年代
最初のピーク
石炭火力発電と原子力発電が多い

1979年
スリーマイル島
原発事故

1990年台
電力自由化
始まる

2000/2001年
加州
電力危機

2000年代
2回目のピーク
ガス火力発電が多い

2010年代
再エネ発電が多い

電力自由化による収益悪化を恐れ
新規設置がスローダウン

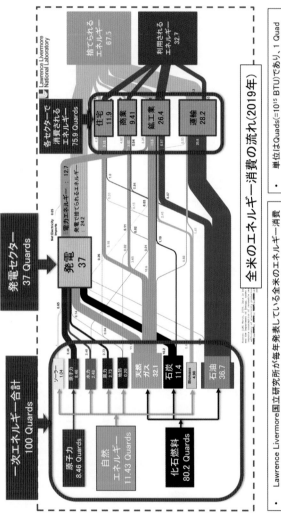

口絵 8 2018 年全米のエネルギー消費の流れ（本文 82 ページ参照）

（出典 ローレンスリバモア国立研究所の資料に筆者が説明を追加）

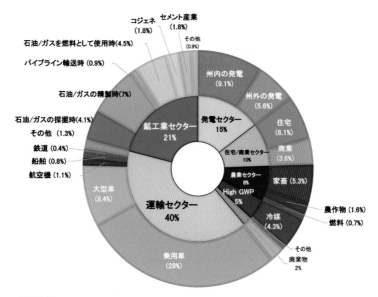

口絵9 カリフォルニア州の2017年温室効果ガス排出量のセクター別内訳
（本文90ページ参照）

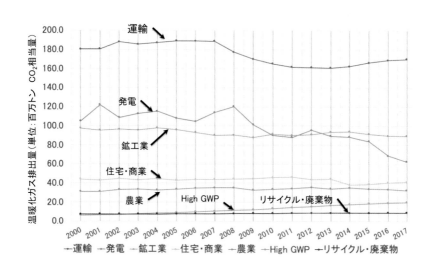

口絵10 カリフォルニア州のセクター別温室効果ガス排出量の推移
（2000～2017年、本文90ページ参照）

（出典　口絵9.10ともにカリフォルニア州政府発表資料をもとに筆者作成）

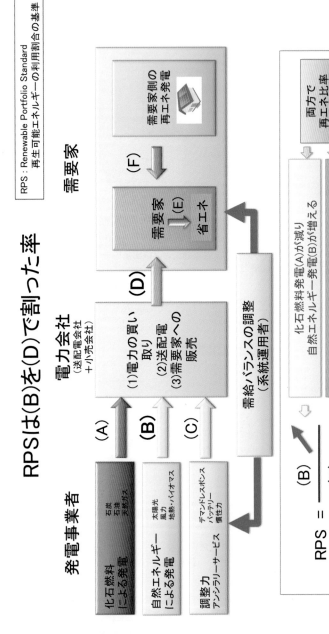

口絵11 RPS（再生可能エネルギーの利用比率）の考え方（本文98ページ参照）

（出典 筆者作成）

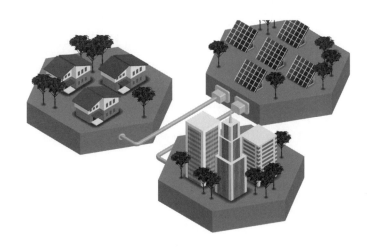

「脱炭素化」はとまらない！

―― 未来を描くビジネスのヒント ――

一般社団法人 エネルギー情報センター理事

江田健二

クリーンエネルギー研究所代表

阪口幸雄

東京大学教養学部客員准教授

松本真由美

共著

成山堂書店

はじめに

「2020年代の10年間を振り返った時に一番大きく変わった産業は何か？」と聞かれると「エネルギー産業」と答えることになるでしょう。なぜなら、エネルギーを取り巻く環境は、2010年代の助走期間を過ぎ、根本的な変化の時期を迎えているからです。

その激変に大きく影響を与えるものが2つあります。1つは、「デジタル化」です。これまではアナログに管理されていたエネルギーが、デジタル化されます。デジタル技術としては、ビッグデータ、IoT、AI、そしてブロックチェーンなど、他の産業にも多大な影響を与えている技術。それに加えてスマートメーター、ディスアグリゲーション、電気自動車、蓄電池、無線給電など業界特有の技術があります。全産業に影響を与えるデジタル化、エネルギー産業特有のデジタル化が絡み合うことで変化の速度が上がり続けています。

では、2つ目は、何でしょうか？ この書籍のテーマでもある「脱炭素化」です。

「デジタル化」「脱炭素化」この2つのテーマは、日本だけではなく、世界共通のテーマです。この2つの影響を止めることは、おそらく誰にもできないでしょう。

それにもかかわらず、「脱炭素化」について知識や考えを共有する「場」やまとまった情報が「デジタル化」に比べるとまだまだ少ないと感じていました。そこで、以前から親交のあった3人が集まりました。3人のバックグラウンドは、大学の研究者、日本の環境・エネルギー分野の専門家、シリコンバレー在住のコンサルタントと全く異なります。

1年以上かけて何度も話し合う中で「3人が各々の視点から脱炭素について丁寧に説明し、情報を共有することは、多くの方に貢献ができるのではないか」という結論に達しました。その結果生まれたのがこの書籍です。

第1章では、東京大学客員准教授である松本がアカデミックな視点から「世界の流れ、日本の方針」を解説しています。第2章では、日本で環境・エネルギー分野を中心に事業展開を行う江田が日本にいるビジネスマンへのメッセージとして「なぜ脱炭素について知る必要があるのか。ビジネスマンは、明日から何をしたらよいのか」について語っています。第3章では、シリコンバレーで活躍する阪口がアメリカを中心とした海外の最新動向を独自の視点で解説しています。

3人の「脱炭素」の捉え方や考え方は必ずしも全てが一致しているわけではありません。敢えて意見の擦り合わせをするのではなく、各々の考え方を尊重し、1つの書籍という形にしています。読者の皆様の立場やこれまでの知識量によって、フィットする意見もあれば、首をかしげたくなる意見もあるかもしれません。しか

し、何かしら「これからの行動」に役に立つメッセージがあるはずです。ぜひ、関心のある章から自由に読み進めていただき、この書籍がきっかけとなって「脱炭素」についての活発な意見、積極的な行動が生まれれば幸いです。

2020 年 7 月吉日

共著者代表：江田健二

目　次

第1章　世界の流れは「脱炭素化」へ　　　　　1

第2章　日本の「脱炭素化」への取り組み　― 目指す方向と企業、行政事例 ―　44

第1章 世界の流れは「脱炭素化」へ

1-1 地球温暖化をめぐる国際交渉

■ 2019年12月COP25 ― 降伏か、希望のいずれか ―

地球温暖化（気候変動）対策を話し合う国連の会議、COP25（気候変動枠組条約第25回締約国会議）が2019年12月2日、スペインの首都マドリードで開幕しました。開会式典で国連のアントニオ・グテーレス事務総長は、「人類は気候変動による危機的状況に直面し、降伏か希望のいずれかを選択しなければならない。2050年に温室効果ガス（GHG：Greenhouse Gas）の排出量を実質ゼロにすることが、世界全体の平均気温の上昇を1.5℃に抑える唯一の道筋だ」と演説し、各国が掲げる削減目標の大幅な引き上げを呼び掛けました。

COP25では、欧州委員会（EC：欧州連合（EU）の執行機関）のウルズラ・フォン・デア・ライエン委員長が、温室効果ガス削減に向けて化石燃料からの移行を進めるとして、EU域内で今後10年間に1,000億ユーロ（約12兆円）相当の投資を行う考えを表明しました。2020年から実施期間に入る「パリ協定」のもとで、対策強化に取り組む姿勢を打ち出したのです。欧州を含め65か国が2050年までにネットゼロエミッション（実質的に排出ゼロ）にすることを約束しました。

パリ協定は、2015年12月12日COP21で採択され、187の国とEUが批准し、2016年11月4日に発効した国際的な枠組です。パリ協定は、世界全体の長期目標として、産業革命以降の温度上昇を1.5～2℃に抑え、できるかぎり早く世界の温室効果ガス排出量をピークアウト[1]し、21世紀後半には、温室効果ガス排出量と（森林などによる）吸収量のバランスがとれたカーボンニュートラル（炭素中立）を目指そうというものです。パリ協定は、京都議定書とは異なり、新興国や途上国を含む締約国のすべてが、目標の達成に向けた行動義務を負うというボトムアップアプローチ[2]です。

締約国は、パリ協定での約束を達成するため、自国の温室効果ガスの削減目標を定め、「自国が決定する貢献（NDC：Nationally Determined Contribution）」とい

---

1) ピークアウト…頂点に達し、減少傾向に転じること。
2) ボトムアップアプローチ…調査・分析から積み上げて、将来性を判断し、予測を行う手法。トップダウンとの対比で用いられる。

う形で国連に提出することが義務付けられています。先進国では2050年の目標として80%削減を定めています。また、締約国は5年ごとにNDCを国連に提出しなくてはならず、初回の提出年の2015年に日本やEU、中国などは2030年目標を提出しています。

　2020年に、各国はNDCを見直し、国連に再提出することになっていますが、日本政府は2020年3月30日、2015年に提出した削減目標「2030年度に2013年度比26%減」を据え置きを決め、提出しました。環境NGOからは、この目標はパリ協定の目標達成には不十分で、削減目標と対策を強化したNDCを再提出すべきだと批判の声が上がりました。今回決定したNDCについて政府は、2030年度26%削減目標を確実に達成することを目指すとともに、この水準にとどまることなく更なる削減努力を追求していくと表明しています。

　さて、最近では、「1.5℃目標」と「2050年カーボンニュートラル」がデファクトスタンダード（事実上の標準）になりつつあります。その背景として、世界の科学者らが温暖化の影響などを議論する国際組織であるIPCC（国連気候変動に関する政府間パネル）が2018年10月に発表した「1.5℃特別報告書」があります。世界の平均気温は、人間の活動によって産業革命前からすでに約1℃上昇していて、早ければ2030～2050年には1.5℃の上昇に達する見込み。気温上昇を1.5℃に抑えるためには、2030年までに温室効果ガス排出量を45%削減、2050年までに実質ゼロにする必要がある、と報告しています。これを受け、2019年9月にニューヨークで開催された国連気候行動サミットでは、77か国が2050年までに温室効果ガス排出量を実質ゼロとする長期目標を表明しました。

　1.5℃目標への努力が言われる中、COP25開幕前の2019年11月4日、米国のトランプ大統領はパリ協定からの離脱を正式に国連に通告し、2020年11月4日に正式な離脱となります。二酸化炭素（CO_2）排出量の14.5%を占め、世界第2の排出国の離脱です（図1-1）。

　COP25にトランプ大統領は短

図1-1　世界の二酸化炭素排出量（2017年）
（出典　EDMC/エネルギー・経済統計要覧 2020年版）

時間出席したものの、登壇することもなく、すぐに退席しました。世界最大の排出国である中国は、年間120億トンの削減を表明し、世界第3の排出国のインドは再生可能エネルギー（以下、再エネ）の大量導入を約束しましたが、2050年までの排出量実質ゼロは約束しませんでした。日本からは小泉進次郎環境大臣が出席しましたが、登壇の機会はなく、新たな対策を示すことはありませんでした。

図1-2 アントニオ・グテーレス国連事務総長
（出典 United States Climate Change
のホームページ）

2019年12月15日COP25の閉幕に伴い、グテーレス事務総長（図1-2）は次のような声明を出しています。

"COP25の結果に失望している。国際社会は、気候危機に取り組むための緩和策・適応策・資金提供に対する意欲の高まりを示す重要な機会を失った。しかし、我々はあきらめてはいない。私はあきらめないつもりだ。2020年が、すべての国が2050年のカーボンニュートラルの達成と、気温上昇1.5℃以下の抑制に必要な科学的要求に従うことを約束する年となるよう、私はこれまで以上に働くことを決意した。"

グテーレス事務総長が失望した理由は2つあります。1つ目は、各国の温室効果ガスの削減目標を引き上げる案について合意に至らなかったことです。現状の各国の削減目標値では温暖化の進行が予測され、COP25では温室効果ガス排出量をもっと削減するため、削減目標の引き上げが検討されました。EU諸国や海面上昇リスクの高い島しょ国は目標引き上げに積極的でしたが、米国や中国、インド、ブラジル、オーストラリア、サウジアラビアなどと意見が対立し、2020年のCOP26までに各国が新しい削減計画を用意するという妥協策で合意がなされました。

2つ目は、削減の国際移転のルールについて、先進国と振興・途上国が対立し、合意が得られなかったことが挙げられます。これは、市場メカニズム（削減の国際移転）について定める「パリ協定第6条」実施指針についての交渉です。市場メカニズムとは、ある国で達成された温室効果ガス排出削減量の一部を別の国に移転して削減目標の達成に活用する仕組みです。第6条では、海外で実現した緩和成果を、自国の排出削減目標の達成に活用する場合の規定に関して、市場メカニズムの活用が位置づけられています。

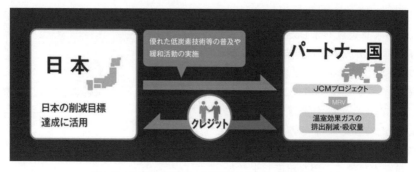

図1-3　二国間クレジット制度（JCM）の基本概念
（出典　環境省：炭素市場エクスプレスホームページ）

　日本政府が主導してきた二国間クレジット制度（JCM）[3]もパリ協定が定める市場メカニズムの一つです。JCMは、途上国への優れた低炭素技術などの普及を通じ、地球規模での温暖化対策に貢献し、それと同時に日本からの排出削減への貢献を適切に評価して、日本の削減目標の達成に活用するという仕組みです（図1-3）。

　日本の排出削減の約束草案[4]でも、JCMを通して獲得した排出削減・吸収量は日本の削減として適切にカウントすることが盛り込まれています。2020年2月時点で、JCMのパートナー国は、モンゴル、バングラデシュ、エチオピア、ケニア、ベトナムなど17か国です。

　2018年12月のCOP24では、パリ協定を運用するための実施指針は概ね合意されましたが、市場メカニズムの実施ルールについては合意できず、COP25で再び話し合うことになっていました。しかし、またもやCOP26に議論は持ち越されてしまったのです。

■ 1992年リオ地球サミット以降のCOPの潮流

　地球温暖化問題が世界でクローズアップされるきっかけは、ブラジルのリオデジャネイロで開催された1992年の「リオ地球サミット（国連環境開発会議）」です。1972年のストックホルム人間環境会議から20周年を期して開催されました。

　3）　二国間クレジット制度（JCM：Joint Crediting Mechanism）…途上国への温室効果ガス削減技術、製品、システム、サービス、インフラ等の普及や対策を通じ、実現した温室効果ガス削減・吸収への日本の貢献を定量的に評価するとともに、日本の削減目標の達成に活用する制度。
　4）　約束草案…INDC：Intended Nationally Determined Contributions　COP21に先立ち、各国が提出した、各国内で決めた2020年以降の温暖化対策に関する目標のこと。

　リオ地球サミットでは、「環境と開発に関するリオ宣言」やこの宣言を具体化するための「アジェンダ21」が採択され、「気候変動枠組条約（UNFCCC）」と「生物多様性条約」が署名されるなど、グローバルな環境問題を議論する原点となりました。

　1994年に発効した気候変動枠組条約では、先進国および旧ソ連や東欧諸国に対し、温室効果ガス排出量を1990年代終わりまでに1990年の水準に戻すことを努力目標として定めました。しかし、この約束は法的な拘束力はなく、排出量は増加してしまいました。このような事態を受けて、1995年にドイツ・ベルリンで開催されたCOP1では、2000年以降の先進国の新しい約束をCOP3で決めるという合意が成立しました。

　1997年京都で開催されたCOP3では、先進国に温室効果ガス排出量の削減目標を課す「京都議定書」が採択されました。先進国全体で2008～2012年の5年間で1990年比約5%削減すること、加えて国ごとにも削減目標を定め、日本は－6%、米国は－7%、EUは－8%の削減目標を義務付けました。新興国とその他の途上国に対しては削減を義務付けず、先進国と振興・途上国間の削減義務に差をつけました。

　しかし、2001年には、米国ブッシュ政権は、経済への悪影響や振興・途上国の不参加を理由に、京都議定書から離脱、採択から8年後の2005年2月京都議定書は発効しましたが、世界の排出量の半分を占める米国と中国の削減義務がない骨抜きの国際枠組みとなりました。地球温暖化問題は100年以上にわたる先進国の工業化の過程で生じたもので、先進国が率先して排出削減すべきと主張する振興・途上国。一方、先進国は、振興・途上国からの排出が急速に増える中、先進国だけ削減してもこの問題は解決しないとして、解決を見いだせないまま長い時間が過ぎました。

　その後、2009年のデンマーク・コペンハーゲンCOP15は、京都議定書に続く、2013年以降の次期枠組みを決めることを目的として開催され、世界の人々の注目を集めました。COPの採択は全会一致が原則で、新たな枠組みの合意には至りませんでしたが、COP15で採択された「コペンハーゲン合意」では、産業革命以前からの気温上昇を2℃以内に抑えるという数値目標が掲げられ、各国が行う削減目標や削減行動を測定・報告・検証（MRV）することの重要性が明記されました。先進国は、途上国の温暖化対策を支援するため、2012年までに300億ドルの支援、2020年までに年間1,000億ドルの資金動員目標を約束することが盛り込まれました。

　2010年のメキシコ・カンクンCOP16で採択された「カンクン合意」では、各

国が提出した削減目標が国連文書に整理されることになり、「緑の気候基金（GCF：Green Climate Fund）」[5]の設立など、途上国支援に関連した事項が盛り込まれるなど、進展しました。

2011年南アフリカ・ダーバンCOP17において、すべての国が参加する新たな枠組みの構築に向けた作業部会の設置に合意し、翌年から作業部会において精力的な

図1-4　SNS上でデモを続ける
グレタ・トゥーンベリさん
（出典　グレタさんの2020年3月20日のツイート）

交渉がスタートしました。その後、約4年をかけて行われた交渉の結果、2015年フランス・パリで開催されたCOP21で採択されたのが「パリ協定」です。パリ協定は、先進国、振興・途上国の区別なく温暖化対策の行動をとることを義務づけ、2016年11月4日発効したのです。

しかし、2016年のモロッコ・マラケシュCOP22の会期中には、温暖化対策に懐疑的なドナルド・トランプ氏が次期米国大統領に決まり、"トランプ・ショック"の話題で動揺が広がりました。

2019年は、スウェーデン出身の16歳の環境活動家、グレタ・トゥーンベリさんが注目されたことも話題の一つです。世界のリーダーたちが集まるニューヨークでの国連気候行動サミット（9月23日開催）を前に、9月20日、若者を中心に地球温暖化への対策強化を求めた「世界気候ストライキ」が世界各地で行われ、グレタさんもニューヨークを行進しました。この後、グレタさんは米国東部バージニア州からヨットに乗って大西洋を横断し、上陸後は陸路でCOP25会場のスペイン・マドリードに向かいました（図1-4）。

グレタさんをきっかけに、欧州ではスウェーデン語で「Flygskam（フリュグスカム）＝"飛び恥"」、飛ぶのは恥だという言葉が生まれました。EUでは飛行機が排出する温室効果ガスは鉄道の約5倍だとして、鉄道で移動しようという動きが広がっています。

5）緑の気候基金…UNFCCCに基づき、途上国による温室効果ガス削減（緩和）と気候変動の影響への対処（適応）を支援するために設立された多国間基金。

■ "異常気象" から "気候危機" へ ― 気候非常事態 ―

北極では特に温暖化が進行し、海氷が失われています。北極の氷が一番少なくなるのは氷が溶ける時期が終わる毎年 9 月で、冬が始まれば氷の量は再び増えますが、国立極地研究所によると、北極の海氷面積は 1979 年以降、減少傾向を示しています。2018 年 3 月、米航空宇宙局（NASA）の年次報告で、北極海の海氷面積が観測史上 2 番目の小ささになったことが発表されました。2017 〜 2018 年の冬の北極海の海氷面積は、最大時でも 1,448 万平方キロに留まり、観測史上最少だった 2016 〜 2017 年の記録に匹敵する小ささとなりました。

グリーンランドの氷床融解の進行も懸念されます。IPCC は、グリーンランドの氷床の融解・流出が降雪量を上回り、海面上昇を招くリスクを指摘しています。

また、世界各地で平年から大きくかけ離れた異常気象が多発していることが報告されています。米海洋大気局（NOAA）と米航空宇宙局（NASA）が 2020 年 1 月 15 日に発表した報告書では、2010 年代は 140 年間の観測史上、最も高温な 10 年間で、2019 年は観測史上 2 番目に暑く、海水温が最も高い年だったと報告されています。

日本では、2018 年 6 月 28 日から 7 月 8 日にかけて西日本から東海地方の広い範囲で記録的な大雨となった「平成 30 年 7 月豪雨（西日本豪雨）」は洪水や土砂災害などで死者 200 人を超える甚大な被害をもたらしました。

気象庁気象研究所の報告書（2019 年 6 月）は、西日本豪雨は、温暖化に伴う気温上昇と水蒸気量の増加が影響したと考えられ、過去に降ったことがないような豪雨に、これからも見舞われる恐れがあると報告しています。2020 年 7 月には、熊本県を中心に九州から東日本にかけて、停滞する梅雨前線の影響で記録的な大雨となり、河川の氾濫、土砂災害など大きな被害がもたらされました（「令和 2 年 7 月豪雨」）。

WMO（世界気象機関）は、西日本豪雨をはじめとして、2018 年に世界各地で相次いだ大雨や熱波、北半球における歴史的干ばつ、米国中西部での洪水、山火事などの異常気象は、地球温暖化の長期的な傾向と一致すると警鐘をならしています。気象庁「気候変動監視レポート 2018」は、温暖化やエルニーニョ現象等の気候変動により、異常気象が増加する可能性があるとして、世界の異常気象や気象災害に関する解析結果を公表しています（口絵 1 参照）。

2019 年夏、欧州各地では記録的な暑さとなり、6 月 28 日フランスでは過去最高の 45.9℃まで気温が上昇しました。熱波による死者は約 1,500 人と伝えられました。仏のアニエス・ビュザン保健相は、「2003 年 8 月の熱波による死者は推定

1万5,000人で、当時より予防対策で被害が10分の1に抑えられた」とラジオで語りました。それでも1,500人もの命が熱波で失われた事実は重いと言えます。

最近では、温暖化が進むことにより異常気象がもたらされるリスクが増大し、一刻も早く対策を取らなければ手遅れになるとして、緊急性を上げて"気候危機"という言葉が使われています。

温暖化が進むと台風大型化のリスクも懸念されます。2019年9月9日「令和元年房総半島台風（台風15号）」[6] は、関東では過去最強クラスで、東京電力管内の鉄塔2基の倒壊事故や多数の電柱が倒壊・損傷し、千葉県を中心に最大停電戸数93万軒にのぼる大規模な停電が発生し、全面復旧までに時間を要しました。同年10月12日の「令和元年東日本台風（台風19号）」[6] は、関東、甲信越、東北などで記録的な大雨となり、140か所で堤防が決壊し、8万棟超の住宅被害、952件の土砂災害、停電52万件など甚大な被害をもたらしました。

■ 地球温暖化、人為起源のGHG増加が原因

地球温暖化の要因である温室効果ガス（GHG）のうち約7割が二酸化炭素（CO_2）です。IEA（国際エネルギー機関）は、2020年2月に下記のような発表をしました。

- 2019年の世界のCO_2排出量は約333億トン、過去最高だった2018年の約331億トンから横ばい
- 新興国では石炭火力発電が拡大し、新興国全体の排出量は約4億トン増の約220億トン
- 先進国では電力分野の排出量が減少し、先進国全体の排出量は約4億トン減の約113億トン

世界経済が2.9%成長するなか、CO_2排出量がさらに増加するとの予想に反してCO_2排出量が横ばいになったのは、2016年以来3年ぶりのことです。国別では、米国が前年比1億4,000万トンを削減し、最も削減しました。EUは太陽光発電や風力発電の発電量が増え、さらに石炭から天然ガスへ移行が進み、前年比1億6,000万トンの削減となり、日本は再エネの普及拡大や原発の再稼働などにより、前年比4,500万トンの削減となりました。

トランプ大統領は温暖化対策に懐疑的ですが、石炭火力発電からガス火力発電への転換、再エネによる発電量の増加などがCO_2排出削減につながりました。

6）「令和元年房総半島台風」「令和元年東日本台風」…気象庁により2020年2月19日その名称が定められた。気象庁では、顕著な災害を起こした自然現象について名称を定めている。

1-2　非化石エネルギーへの転換

■ 世界の金融プレーヤーが支援を打ち出す ― 気候変動のリスクとチャンスを分析 ―

　IPCC の第 5 次評価報告書（AR5）には、「1950 年代以降に観測されている変化は、数十年から数千年にわたり前例のないもの。今以上の緩和策のないシナリオでは、2100 年の世界の平均地上気温が、産業革命前の水準に比べ 3.7 ～ 4.8℃の上昇が予測される。しかし、それを 2℃未満に抑えられる可能性はあり、そのためには、世界全体の人為起源の温室効果ガス排出量を 2050 年までに 2010 年と比べて 40 ～ 70% 削減すること、そして 2100 年には排出量をほぼゼロまたはマイナス[7]にする必要がある。」と記されています。

　この「2℃シナリオ」[8] の目標を達成するためには、2100 年に大気中の CO_2 換算濃度を約 450ppm までに抑える必要があります。IPCC の RCP シナリオ（代表濃度経路シナリオ）[9] では、温室効果ガスの排出削減をまったく行わなかった場合（RCP8.5）から徹底的に行った場合（RCP2.6）までを、4 つのシナリオで分析しています。パリ協定の目標に相当する RCP2.6 を実現するためには、世界全体の温室効果ガス排出量を今世紀末にはゼロに近づけなければなりません（ 口絵２ 参照）。

　IPCC は、2℃シナリオを実現するためには、一次エネルギーの再エネ、原子力、CCS（CO_2 回収・貯留）付発電を合計した低炭素エネルギーの占める割合を、2050 年までに 2010 年と比較して 3 倍から 4 倍近くに増加する必要があること、また、2100 年までに CCS なしの火力発電所をほぼ完全に廃止する必要があると報告しています。しかし、CCS は現在実証段階で、商用化されたものはなく、さらなる技術開発が求められます。

　温室効果ガス排出削減が厳しく求められる中、世界の金融が動き出しました。2015 年 10 月、総額 24 兆ドル（約 2,570 兆円、2020 年 7 月 14 日時点）以上の資産規模を有する 409 の投資家が、気候変動に対して投資家ができる貢献と各国政府への提言について、声明を発表しました。

　2015 年 2 月には、G20 財務大臣および中央銀行総裁の求めにより金融安定理事会（FSB）[10] が「気候変動関連財務情報開示タスクフォース（TCFD）」を設立

---

7)　カーボンマイナス…植物などによる CO_2 固定や、発生した CO_2 を地中に埋めることによってマイナスにする。

8)　2℃シナリオ…気温上昇を産業革命前に比べて 2℃未満に抑制する可能性の高いシナリオ。

9)　RCPシナリオ…IPCCが第5次評価報告書で採用している気候予測シナリオ。

しました。2017 年 6 月に最終報告書を公表し、企業等に対して気候変動関連リスクおよび機会に関する情報の開示を推奨しています。これを受けて経済産業省は、2018 年 8 月よりグリーンファイナンス（環境に良い投資への資金提供）と企業の情報開示の在り方に関する「TCFD 研究会」を開催し、同年 12 月に「気候関連財務情報開示に関するガイダンス（TCFD ガイダンス）」を作成しました。2019 年 2 月にはその「事例集」を発表し、日本企業の TCFD 対応を推進しています。

「TCFD コンソーシアム」[11]によると、2020 年 6 月 26 日時点、世界全体では金融機関をはじめとする 1,293 の企業・機関が TCFD に賛同の意を示し、そのうち日本の企業・機関が 285 を占め世界で一番多くなっています。企業は TCFD に沿って気候変動のリスクとチャンスを分析評価し、経営判断に組み込むことが求められる時代になったのです。

欧州の大手金融機関の一部では、座礁資産リスクやレピュテーションリスク[12]を評価し、化石燃料関連事業への対応が厳しくなっています。温室効果ガスの排出規制により、これから石炭や石油等の化石燃料の多くが使用できなくなる可能性があり、一部の投資家は化石燃料関連資産を、回収不能な「座礁資産」として捉え、化石燃料関連企業からダイベストメント（投資撤退）する動きが見られます。

エネルギー関連企業もこうした動きを懸念し、例えば、英蘭の石油メジャーのロイヤル・ダッチ・シェルは、再エネに年間 20 億ドルの投資、水素ステーションへの投資を進めるとともに、より環境負荷が少ない LNG（液化天然ガス）へのシフトを進め、事業方針を転換しています。2019 年には欧州の蓄電池最大手、独ゾンネンを完全子会社化し、電力事業の拡大を目指しています。

■ ESG投資の拡大

世界の機関投資家の間では近年、環境・社会・ガバナンスを重視して投資先を選ぶ ESG 投資が拡大しており、企業側に環境情報開示を求める機運が高まっています。ESG とは、Environment（環境）、Social（社会）、Governance（ガバナンス：企業統治）のことで、ESG に配慮している企業を重視・選別する「ESG 投資」が拡大しています。中長期的な安定資産の運営のために財務情報だけでは見えないリ

スクを、非財務情報である ESG で判断する機関投資家が増えてきています。

　この流れをたどると、2006 年に国連のコフィ・アナン元事務総長の提唱した国際イニシアティブの「PRI（国連責任投資原則）」があります。PRI は、解決すべき課題を「E（環境）」「S（社会）」「G（ガバナンス）」の 3 つの分野に整理し、署名機関による ESG に配慮した投資責任を行うことを宣言しており、3,000 超の年金基金や運用会社が PRI に署名しています。

　50 か国超からの署名機関の合計資産は 59 兆ドル（約 6,330 兆円）に相当します。世界最大の年金ファンドで、時価 169 兆円におよぶ運用資産を持つ日本の年金積立金管理運用独立行政法人（GPIF）も 2015 年 9 月に署名しました。GPIF は、同年 4 月に公表した 5 年間の中期経営計画の株式運用に ESG 投資を組み入れ、2017 年 10 月には世界銀行グループと ESG 投資に関するパートナーシップ協定を結び、市場に弾みをもたらしました。

　2019 年 12 月、経済産業省産業技術環境局環境経済室が発表した「ESG 投資に関する運用機関向けアンケート調査」によると、アンケートに回答があった運用機関（国内外の運用機関 48 社 / 運用総額約 3,988 兆円が対象）のうち、95％以上が ESG 情報を投資判断やエンゲージメント（建設的な対話を通して投資先企業にはたらきかけ、改善を促すことなど）に活用している結果となりました。

　ESG 情報の活用目的としては、「リスク低減」が 97.9％、「リターンの獲得」が 87.5％、「投資家としての社会的責任・意義」が 83.3％といった回答が得られました。ESG 要素の中で、投資判断に考慮する内容としては、E（環境）の「気候変動」が約 80％と最も重視されています。ESG を投資判断やエンゲージメントに

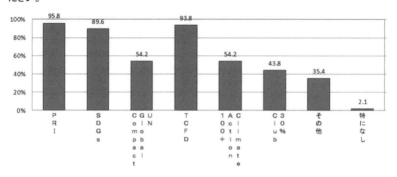

図1-5　ESGを考慮する上で重視しているイニシアティブ等への回答
（出典　経済産業省産業技術環境局環境経済室「ESG投資に関する運用機関向けアンケート調査」より）

おいて考慮するうえで、重視する国際的イニシアティブ等については、約90％以上の運用機関がPRI、TCFD、SDGs（19ページ参照）を重視していることがわかりました（図1-5）。一方、ESGを投資判断やエンゲージメントに活用するうえでの障害として、「企業のESGに関する情報開示が不十分」であると85.4％の運用機関が感じています。

　この他ESG投資で、世界で参照されているデータの1つにCDPがあります。CDPは、気候変動など環境分野に取り組む英国で設立された国際NGOで、2000年に設立されたプロジェクト「カーボン・ディスクロージャー・プロジェクト」がその前身です。

　CDPは、時価総額の高い世界の企業約5,000社に対して、2003年の調査開始から毎年、気候変動質問書[13]を送付し、企業の環境情報公開や環境活動を「A」から「D−」の8段階で評価しています。CDPの評価を受けるためには、国際規約のGHGプロトコルに準拠してCO$_2$の排出量を算出することが推奨されています。世界数千社の環境データを有するCDPデータは、ESG投資における基礎データとして機関投資家らに活用されています。

　2020年1月20日に発表した企業の気候変動対策に関する調査報告で、最高評価の「A」リストに179社が選ばれましたが、その中に日本企業38社が入り、国別では日本が最多となりました（前年調査では20社）。このことは、気候変動対策に積極的に取り組む日本企業が増えていることを示しています。

1-3　「脱炭素」への潮流

■ 環境価値の証書

　地球温暖化対策推進法[14]の温室効果ガス排出量の算定・報告・公表制度では、エネルギー使用量が多い企業に、国への排出量の報告を義務付けています。企業によるゼロエミッション電源の環境価値の調達が広く行われるようになりましたが、環境価値証書は、CO$_2$排出係数の低減に利用することができます。

---

13) CDP投資家要請質問書…機関投資家がESG投資に活用するために企業に情報開示を求めるもので、企業向けには気候変動、フォレスト（森林）、ウォーターセキュリティ（水）の3種類の質問書がある。

14) 地球温暖化対策推進法（温対法）…1997年に京都で開催された気候変動枠組条約第3回締約国会議（COP3）での京都議定書の採択を受けて、日本の地球温暖化対策の第一歩として1998年に成立、その後改正を繰り返している。

　国内で企業が再エネの環境価値を購入する仕組みは、「グリーン電力証書」、「J-クレジット（再エネ由来）」、「非化石証書（再エネ指定）」の３つがあります。グリーン電力証書とJ-クレジットは原則、自家消費した再エネ電力（非 FIT 電力）が対象で、再エネの種類や発電所を指定できます。グリーン電力証書とJ-クレジットは発行量が限られ、安定的な量の確保という点では難点がありますが、コスト面では、J-クレジットは３つの中では低価格となっています（表 1-1）。

　非化石証書は、改正エネルギー供給構造高度化法（2016 年 4 月 1 日施行）で、小売電気事業者に対して、調達電力に占める「非化石電源」の割合を 2030 年度までに 44％以上にすることを課していて、その目的を後押しする目的で非化石価値取引市場が創設されました。非化石証書の売り上げは、FIT 賦課金の原資に充てられます。

　非化石証書は、グリーン電力証書や J-クレジットとはケタ違いの供給量となり、入札で活発に取引されるようになりました。日本卸電力取引所（JEPX）が開設した非化石価値証書の初入札は 2018 年 5 月 18 日に行われ、2020 年 5 月 15 日の

表1-1　3つの「環境価値」の比較

	グリーン電力証書	J-クレジット（再エネ由来）	非化石証書（再エネ指定）
対象電力	主に自家消費分（太陽光、風力、水力、地熱、バイオマス）	主に自家消費分（太陽光、風力、水力、地熱、バイオマス）	系統電力（太陽光、風力、水力、地熱、バイオマス）
発電設備の適合性	日本品質保証機構（JQA)が認証する。	J-クレジット認証委員会が認証する。	FIT対象設備として政府が認証する。
発行者	グリーン電力証書発行事業者	国（経済産業省・環境省・農林水産省の共同運営）	低炭素投資促進機構（FIT法上の費用負担調整機関）
購入方法	グリーン電力証書発行事業者から購入	①相対取引（プロバイダから購入も可能）②J-クレジット事務局による入札（年1〜2回）	非化石価値取引市場で入札して購入
購入者	企業、自治体等	企業、自治体等	小売電気事業者
償却期限	なし（購入後いつでも償却可能）	なし（購入後いつでも償却可能）	発電した年（1〜12月）と同じ年度に限る。
価格	発行事業者により異なる。2019年度販売の最小単位は1,000kWh（以降1kwh単位）で販売価格は7円/kWh	決められた価格はなく、相対交渉や入札による。2019年4月入札の平均価格は0.92円/kWh	入札による。2019年度入札結果の最低価格は1.30円/kWh、最高値4.0円/kWh
活用法	CDP、SBT、RE100に再エネ使用量報告。東京都や埼玉県等の環境条例の再エネクレジットとして活用	CDP、SBT、RE100に再エネ使用量報告。温対法、省エネ法、カーボンオフセット、低炭素社会実行計画の目標達成	CDP、SBTへの報告。RE100には属性情報を付したトラッキング付証書のみ利用可能

（出典　日本品質保証機構、J-クレジット制度、経済産業省等の資料をもとに筆者作成）

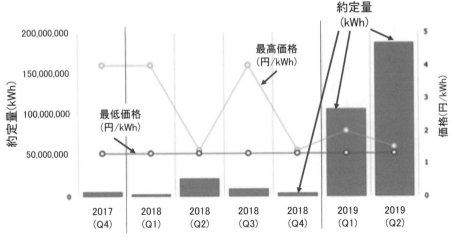

図1-6　非化石価値取引市場の取引結果
（出典　新電力ネットのホームページ）

取引まで計９回の取引が行われています。約定量の平均価格は 1.30 円/kWh で、
J-クレジットより高めの水準ですが、2019 年度第１回（約定処理日８月９日）と
第２回（同 11 月８日）では約定量が大幅に増加しています（図1-6）。

　非化石証書は、国際的な温室効果ガスの算定・報告基準である GHG プロトコル
の要件を満たしています。しかし、非化石証書には、米国の REC（再エネ証書）
や欧州の GoO（Guarantee of Origin：発電源証書）のように再エネ電力の発電か
ら利用までの流れを明確にするトラッキングシステムが整備されていません。

　再エネの種類や立地、新しさなど属性を重視する企業は少なくないため、経済産
業省では、非化石証書の環境価値の由来となった再エネ電源を明らかにするトラッ
キングシステム（追跡システム）の実証実験を進めています。2019 年８月、同年
11 月の非化石証書オークションでトラッキング実証実験を実施しました。このト
ラッキング付非化石証書を活用した電気を小売電気事業者が販売した場合、需要家
の企業による RE100 の取り組みにも活用できます。欧米のトラッキングシステム
は、再エネ電力の属性の権利主張を担保する手段として活用されており、再エネ電
力のトラッキングシステムの導入は日本でも前向きに進めて欲しいと思います。

■ 国際イニシアティブへの加盟　─ SBT・RE100 ─

　「SBT（Science Based Targets）」、「RE100」などの国際イニシアティブへ加
盟するグローバル企業が増えています。「SBT」は、世界の気温上昇を産業革命前

より2℃を十分に下回る水準に抑え、1.5℃に抑えることを目指すパリ協定が求める水準と科学的に整合した温室効果ガス削減目標の設定を企業に促すイニシアティブです。

SBTでは、事業者自らの排出だけではなく、製品の原材料・部品の調達、製造、物流、販売、消費、廃棄までの一連の事業活動に関して合計した排出量、つまりサプライチェーン排出量の削減が求められます。サプライチェーン排出量は、スコープ1、スコープ2、スコープ3で構成されています。スコープ1は、自社の工場やオフィス、車両などからの直接排出量、スコープ2は電力や熱などの使用に伴うエネルギー起源間接排出量、スコープ3は、スコープ1、スコープ2以外の間接排出量（事業者の活動に関連する他社の排出）です。

SBTに参加する企業は、温室効果ガスの排出を2050年に49〜72％削減するのを目指し、2025〜2030年頃の目標を設定しています。国連グローバルコンパクト、CDP、世界資源研究所（WRI）、世界自然保護基金（WWF）の4つの機関が運営しています。SBTに参加するメリットは、パリ協定に整合する持続可能な企業であるアピールができることです。SBTは、CDPの採点でも評価の対象になっています。

2020年7月現在、55か国から924社が参加し、SBTの認定企業数は、米国81社、日本72社、英国37社、フランス35社、スウェーデン16社、ドイツ15社と続きます。SBT認定取得済の日本企業は、電気機器、建設業、食料品メーカーが多くなっています。

「RE100」は、事業運営に使う電力を100％再エネで賄うことを目指すイニシアティブです。世界各国の242社（2020年7月14日時点）が加盟し、日本企業は35社が加盟しています。日本の加盟企業は「RE100メンバー会」を発足させ、日本における再エネ普及推進にむけた政策提言を行っています。

RE100の2019年の年次報告では、海外のRE100加盟企業で再エネによる電力調達により電気料金の削減効果が得られたとしています。また、再エネの中でも太陽光発電を調達する割合が高く、「コーポレートPPA」（オンサイト・オフサイト）が増加しています。コーポレートPPAとは、発電事業者と企業が、直接的に電力購入契約（PPA：Power Purchase Agreement）を締結し、電力を調達する仕組みのことです。米アップル社は、自社の使用する電力を100％再エネに切り替えたと発表するなど、グローバル企業が自家消費やコーポレートPPAなどを活用し、RE100を実現させる動きが活発化しています。

■ 再生可能エネルギーの導入拡大と海外での発電コスト

IEA は、『World Energy Outlook（WEO） 2019 年版』の中で、CPS（Current Policies Scenario）、SPS（Stated Policies Scenario）、SDS（Sustainable Development Scenario）の 3 つのシナリオ設定を行い、世界のエネルギー需給見通しを作成しています。

CPS（現行政策シナリオ）は、各国政府が現在策定している政策に今後変化が生じなかった場合の将来を分析したシナリオです。SPS（公表政策シナリオ）は、各国による今後の政策の方向性や目標を組み込んだシナリオで、3 つのシナリオの中では中心シナリオとされます。SDS（持続可能な開発シナリオ）は、パリ協定で定められた目標を完全に達成するためには、どのような道筋をたどるかを分析したシナリオです。

『WEO2019』の現行政策シナリオでは、2040 年までにエネルギー需要は毎年 1.3％ずつ増加し、エネルギー市場において石油の生産国をめぐる地政学的な緊張と不確実性が高まり、温室効果ガス排出量が増加する見通しです。

公表政策シナリオでは、2040 年までにエネルギー需要は毎年 1.0％ずつ増加するとして、今後、米国のシェールガスの増産は見込まれるものの、世界が化石燃料に依存する構造は変わらず、CO_2 排出により温暖化の影響は避けられません。しかし、同シナリオでは、2000 年から 2040 年にかけて風力発電と太陽光発電の導入が拡大し、2020 年代半ばには、発電量割合で再エネが石炭火力を追い抜く見通しです。中でも太陽光発電の伸びは目覚ましく、2040 年までに低炭素電源[15] が総発電量の半分以上を供給すると見込まれます。風力発電と太陽光発電が再エネ市場を牽引しますが、水力発電（2040 年の総発電量の 15％）と原子力発電（同 8％）は一定量を維持するとしています（図 1-7）。

公表政策シナリオは、全体的なエネルギー需要に占める電力の割合が増えて、経済を支えるエネルギーの主力になると予測しています。2000 ～ 2018 年の世界で消費された石油と電力[16] を比べると、石油の最終消費量の方が多いですが、2040 年までに電力の最終消費量が石油を抜いて大きく伸びる見通しです（図 1-8）。世界の電力消費の伸びをけん引するのは、産業用モーター（特に中国）が最も大きく、次いで、家庭用電化製品、冷房、電気自動車です。

持続可能な開発シナリオの目標達成には、エネルギーシステムにおける迅速、か

15） 低炭素電源…発電時にCO_2の排出が少ない電源。WEOでは原子力発電を含む。
16） 電力の使用量（kwh）を、toe（tonne of oil equivalent　石油換算トン）に換算して比較

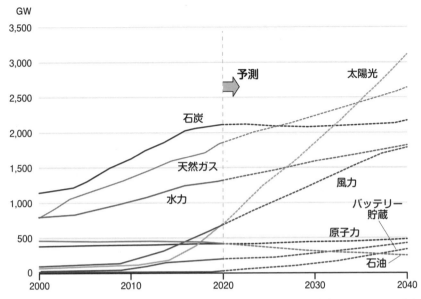

図1-7　SPS：公表政策シナリオにおける各電源の導入量の推移予測（2000 ～ 2040年）

（出典　IEA「World Energy Outlook　2019」）

過去の石油と電力の消費量（2000-2018年）

石油と電力の消費量予測（2018-2040年）
（公表政策シナリオに基づく場合）

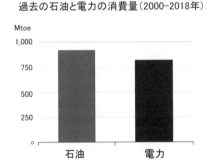

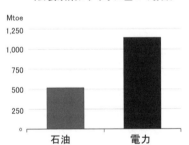

図1-8　（左図）2000 ～ 2018年の石油と電力の消費量と
（右図）SPS：公表政策シナリオにおける2018 ～ 2040年の石油と電力の消費量予測

（出典　IEA「World Energy Outlook　2019」）

つ広範な変化が必要になります。同シナリオでは、積極的な再エネへの投資により、再エネ電力の割合は世界の発電電力量の3分の2、最終エネルギー消費の37％になる見通しです。北米、中南米、欧州、アフリカ、中東、ユーラシア、アジア太平

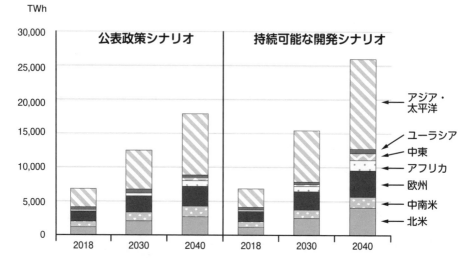

TWh

公表政策シナリオ　　　　　持続可能な開発シナリオ

　　　　　　　　　　　　　　　　　　　　　　　　　　→ アジア・
　　　　　　　　　　　　　　　　　　　　　　　　　　　太平洋

　　　　　　　　　　　　　　　　　　　　　　　　　　→ ユーラシア
　　　　　　　　　　　　　　　　　　　　　　　　　　→ 中東
　　　　　　　　　　　　　　　　　　　　　　　　　　→ アフリカ
　　　　　　　　　　　　　　　　　　　　　　　　　　→ 欧州
　　　　　　　　　　　　　　　　　　　　　　　　　　→ 中南米
　　　　　　　　　　　　　　　　　　　　　　　　　　→ 北米

図1-9　再生可能エネルギー発電電力量の世界のエリア別の予測
SPS：公表政策シナリオ（左）とSDS：持続可能な開発シナリオ（右）
（出典　IEA「World Energy Outlook　2019」）

洋の各エリアでは、アジア太平洋で最も再エネが導入され、2040年の再エネの年間発電量は1万3,197TWhと予測されます。これは、公表政策シナリオの2040年の同エリアにおける再エネ年間発電量9,178TWhの約1.4倍です（図1-9）。

　再エネの発電コストは、太陽光と風力を中心に大きく下落し、世界の多くの地域で化石燃料と競合しうる電源になってきています。IRENA（国際再生可能エネルギー機関）が公表した「2018年 再生可能エネルギー発電コスト報告書」によると、2018年に再エネ発電コストは記録的な低水準になりました。集光型太陽熱発電（CSP）[17]は前年比で26％、バイオエネルギーは同14％、太陽光と陸上風力は同13％、水力は同12％、洋上風力は同1％と、いずれも低下しました。日射に恵まれたチリやメキシコ、ペルー、サウジアラビア、アラブ首長国連邦（UAE）では、大規模太陽光発電の均等化発電原価（LCOE）はkWh当たり0.03ドルまで下がっています。

　日本では、第5次エネルギー基本計画において再エネの主力電源化が打ち出されましたが、再エネの発電コスト低減を加速化する必要があります。一定規模以上

17）　集光型太陽熱発電（CSP）…鏡を使って光を集め、そこで生じる放射熱を利用して電気を得る発電方式。

の太陽光発電とバイオマス発電（一般木材等）への入札制度の導入は、コスト低減
に一定の成果を見せています。

■ SDGsの潮流

　SDGs（Sustainable Development Goals＝持続可能な開発目標）は、2015年
9月の国連サミットで採択された持続可能でよりよい世界を目指す2030年に向け
た国際目標です。SDGsは、リオ＋20[18]で提唱された「環境・経済・社会の3側
面統合」と2000年9月に国連ミレニアム・サミットで採択された2015年に向
けた持続可能な開発目標の「ミレニアム開発目標（MDGs）」[19]の流れを受けたも
のです。

　SDGs実現のために17のゴールと169のターゲットが設定され、それぞれに
具体的な目標が明示されています（図1-10）。環境に関わるものは、［ゴール7：
エネルギー］［ゴール13：気候変動］［ゴール14：海洋資源の保全］、「ゴール

図1-10　SDGs

（出典　外務省）

---

18)　リオ＋20…1992年に開催された「リオ地球サミット」から20年後、2012年6月ブラジ
　　ルのリオデジャネイロで開催された「国連持続可能な開発会議」。
19)　ミレニアム開発目標（MDGs）…国際社会の支援を必要とする開発途上国の課題に対して
　　2015年までに達成するという8つの目標、21のターゲット、60の指標を掲げる。

15：生物多様性］など 12 ありますが、これらのゴールは相互密接に関連していることから、17 ゴールの同時達成を考えることが重要です。

　しかし、17 ゴール、169 ターゲットをどのように実現していくかは、それぞれの主体性に任されています。多様な主体が異なる角度から取り組むことと、バックキャスティング[20] の発想方法が必要になります。

　国際社会では、SDGs を後押しするため、国際機関、国・地域において様々な取り組みを実施しており、企業に対しては、地球温暖化対策をはじめ、社会的課題の解決に向けて積極的な取り組みを求めています。

　日本では、2016 年 5 月に安倍首相を本部長、全閣僚を本部員とする「SDGs 推進本部」が設置され、2016 年 12 月「SDGs 実施指針」を策定しました。2017 年 12 月に SDGs 推進本部が主導し、「SDGs アクションプラン 2018」を決定し、2018 年 12 月「同 2019」、2019 年 12 月に「同 2020」を発表しています。アクションプランは次の 3 つの柱から成り立っています。

① SDGs と連動した官民挙げての「Society 5.0（IoT や AI などの革新技術を最大限活用した未来社会」の推進
② SDGs を原動力とした地方創生
③ SDGs の担い手である次世代・女性のエンパワーメント

　政府は、この「SDGs アクションプラン」に基づき、主要な取り組みを実施しつつ、さらに具体化・拡充し、日本の SDGs モデルを構築していく考えです。2019 年 7 月には、ニューヨークでハイレベル政府フォーラム（HLPF）が開催されました。各国の閣僚約 100 人のほか、産業界やソーシャルセクター[21] のリーダーら 2,000 人以上が出席し、2030 年までに環境保全を図り、公正、平和かつ豊かな世界を目指すための計画や課題などを話し合いました。

　近年、世界の大企業やベンチャー系の中小企業が SDGs を経営計画の中に取り込み、企業価値を高め、ESG 投資を呼び込もうとする機運が高まっています。SDGs は、政府・自治体・企業・市民・学校など部門を超えてパートナーシップを結んでいくことが求められています。そのためには、今までの枠にとらわれずにやっていくことが大事です。

　気候変動への対応やエネルギーの「脱炭素化」を実現するためには、自社のビジ

20）　バックキャスティング…「未来（あるべき姿）」を起点として、そこから逆算して「今」何をすべきか、解決策や方法を考えること
21）　ソーシャルセクター…社会的課題の解決を目的としたNPO、NGO等

ネス上の経営利益とSDGsのゴールの重なりをうまく見つけることが鍵になります。日本の企業には、SDGsを経営戦略に取り込み、企業価値を高め、さらなる成長につなげてほしいと思います。

2019年6月28日、持続可能な開発ソリューション・ネットワーク（SDSN）[22]が、SDGs達成に向けた世界各国の進捗状況を発表しました。日本は162か国中15位という評価です。

1-4 脱炭素化に向けた世界の動き

■ 欧州の動き

欧州では、2017年7月、フランスの当時のニコラ・ユロ環境移行・連帯相が、「気候変動計画」の公表とともに、2040年までにガソリン車とディーゼル車の販売を禁止すると発表しました。

原子力と再エネのゼロエミッション電源の割合が高いフランスでは、発電部門の温室効果ガス排出は低い水準ですが、交通セクターでの排出割合が高いという事情があります。

2020年1月31日に欧州連合（EU）から離脱した英国政府は、2020年2月3日、ガソリン車とディーゼル車の新車販売を禁止すると発表しました。ハイブリッド車も禁止の対象に含めています。温暖化対策の一環で電気自動車などの普及を促す方針です。英国では、2018年7月に「自動運転・電気自動車（EV）法」を制定し、急速に発展する車の電動化技術に対応した法整備を進めることや、電気自動車と燃料電池車の充電・充填の整備を進めていく方針も打ち出しています。

注目される近年の動きは、欧州委員会（EC）で、2019年12月1日フォン・デア・ライエン委員長（図1-11）率いる新体制が発足し、同年12月11日に気候変動対策「欧州グリーンディール」を発表したことです。これを欧州の成長戦略と位置づけ、「脱炭素社会」を目指して、新産業の創出や雇用の創出につなげる計画です。

2030年の温室効果ガスの排出削減目標を、従来の1990年比40%減から50%減に引き上げたうえで、さらに55%を目指します。再エネの導入を拡大し、化石

---

22) SDSN…2012年潘基文前国連事務総長により設立された国際ネットワークで、持続可能な開発へ向けて、学術機関や企業、市民団体をはじめとするステークホルダーが連携し活動している。

燃料からのエネルギー転換を進めるため、2020年1月14日、今後10年で気候変動対策などの環境政策に官民で少なくとも1兆ユーロ（約120兆円）規模の投資を行う欧州投資計画を発表しました。ECは、EU予算の25％を環境政策に充て、EU加盟各国の財源や欧州投資銀行（EIB）の融資も活用し、民間投資を喚起していく考えです。

図1-11 「欧州グリーンディール」について記者会見するフォン・デア・ライエン委員長
（出典 ECのホームページ）

一方、石炭など化石燃料に依存する国や地域が急速に再エネへ移行すると、石炭産業に関わる人々が失業する恐れがあります。東欧諸国など化石燃料依存度の高い加盟国への対応も必要です。脱炭素社会への移行で影響を受ける地域や職業訓練支援のため、1,000億ユーロ（約12兆円）の支援を提供する予定です。

ECは、2020年3月4日には、2050年までに欧州域内の温室効果ガス排出をネット（実質）ゼロとする欧州グリーンディールの核となる「気候法（Climate Law）」案を発表しました。2030年のさらなる排出削減を実現するためEUの排出量取引制度（EU-ETS）を拡大し、排出量の多い輸入品に課税する「炭素国境調整メカニズム」と呼ばれる「国境炭素税」を実施する方針も含まれています。

石油や石炭に課税する炭素税は、国内での消費が対象で、これまで国境を越えて炭素に課税する仕組みはありませんでした。詳細は2021年に発表される見通しですが、導入されれば日本からの輸出品にも影響が広がることになります。また、排出規制の緩い国で製造された製品に炭素コスト分を関税に上乗せして課税することにより、EUのエネルギー集約型産業（発電所、鉄鋼、アルミニウム製錬所など）の競争力を守ることが、国境炭素税導入の背景にあると考えられます。

欧州は、温暖化問題におけるグローバルスタンダード（規格、基準、標準）を作ってきました。グローバルスタンダードとは、ある国や特定の地域など限定された範囲ではなく、世界的規模で普及し、通用されている規格や基準、ルールを意味します。自ら形成したスタンダードがグローバルスタンダードとなれば、その市場で非常に有利になります。フォン・デア・ライエン委員長が率いるECが率先して目標を高めたことも、気候変動交渉の主導権を握りたいという思惑があるのでしょう。

■ カーボンプライシング

カーボンプライシングの種類

　日本でも温室効果ガス排出量に価格をつける「カーボンプライシング（炭素の価格付け）」へ関心が高まっています。温暖化対策を進めるためには、温室効果ガスの排出量を削減しなければなりません。そのための施策としては、「規制」「環境税－炭素税」「排出量取引」があります。温室効果ガスのうち最大の排出量を占める二酸化炭素（CO_2）をはじめ、メタン（CH_4）、N_2O（一酸化二窒素）、ハイドロフルオロカーボン（HFC）、パーフルオロカーボン（PFC）、六フッ化硫黄（SF_6）、三フッ化窒素（NF_3）といった温室効果ガスの削減にこれらの施策が用いられています。

　カーボンプライシングは、主に政府規制による「施策」と民間企業の自発的な「インターナルカーボンプライシング（ICP）」とに大別されます。民間企業におけるICP は、炭素価格が現在または将来の事業活動に対して与える影響を定量的に明らかにし、企業が自主的に炭素に価格付けを行うものです。CDP の報告によると、2018 年から 2019 年にかけて、世界で 1,500 社以上が ICP を導入または 2 年以内に導入を検討しています。日本企業においても 2019 年時点で 84 社が ICP を導入しており、2 年以内に導入予定は 82 社となっています。事業計画の策定や投資判断に当たって、自らの排出量の管理や、実際の炭素価格やシャドーカーボンプライス（投資計画・事業計画の策定の際に参考として設定する炭素価格）を組み込むようにします。ICP は、世の中の動向を踏まえ、企業の CO_2 削減の取り組みを柔軟に変化させることもできます。

　一方、炭素価格が表示される政府の「施策」には、「排出量取引」と「炭素税」があります。政府が炭素の排出量に価格付けを行い、排出量取引制度や炭素税を導入することにより、企業の削減行動が促されるという考え方です。

　「排出量取引」は、個々の企業に排出枠（温室効果ガス排出量の上限：キャップ）が設定され、事業者は自らの排出量相当の排出枠を調達する義務を負います。キャップが未達の場合は罰則があるのが一般的です。

日本のカーボンプライシングにおける議論　― 炭素税の評価

　「炭素税」は、炭素の排出量に対して課税されますが、税率は CO_2 排出量 1 トン当たりの金額（炭素価格）となります。日本の「地球温暖化対策のための税（温対税）」は炭素税と分類されており、税率は CO_2 トン当たり 289 円となっています（税収は約 2,600 億円）。この日本の「温対税」が、世界の「炭素税」の中でもっ

とも低い水準にあると、世界銀行の報告書「State and Trends of Carbon Pricing 2015」が指摘しています（図1-12）。

この報告書では、日本のカーボンプライシングとして、「温対税（2US＄/tCO₂）」の289円のみがカウントされています。しかし、エネルギー税（石油・石炭税、揮発油税、軽油引取税等）などの環境税も、いずれも量（トン、キロリットル）を課税標準としており、「隠れた炭素税」として、実質的なカーボンプライシングと見ることもできます。これらの環境税を加えると、日本の炭素税が低い水準にあるとは一概に言えません。

原油価格のように市場に任せるのではなく、カーボンプライシングで人為的にカーボン（炭素）に価格を付けて値段を高くすれば、企業による炭素の排出削減への取り組みが進むだろうというのが、カーボンプライシングの理論的な考え方です。

しかし、実際には企業の事業活動は自由経済の下、国内だけではなく海外でも行

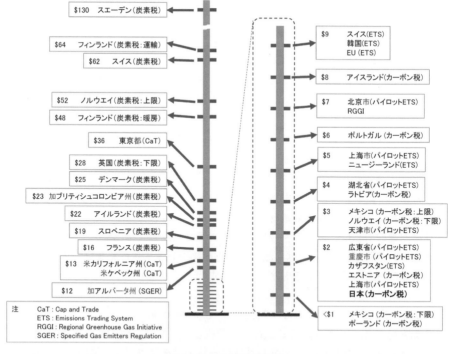

図1-12　各国の炭素価格

日本のカーボンプライシングは、温対税の289円でカウントされ、世界でも最も低い水準になっている。

（出典　「State and Trends of Carbon Pricing 2014」, the World Bankを元に、筆者作成）

われています。企業は国境を越えて事業を展開しているので、さらなる炭素税の課税は、企業の生産拠点を日本から海外へ移してしまう「産業空洞化」が生じることが懸念されます。これによる「カーボンリーケージ（排出制限が緩やかな国への産業の流出）」の問題も生じかねません。

　例えば、日本での CO_2 排出削減を減らすため、生産活動を排出規制が緩やかな海外に移した結果、日本以外の地域での CO_2 排出が増えて、地球全体の排出量はむしろ増えてしまうことになります。一国のみで炭素価格を操作しても、世界全体で排出が増えてしまっては意味がなくなってしまいます。

　環境省は 2050 年までに温室効果ガスを現在より 80％削減する長期目標の達成にはカーボンプライシングの導入が必要だとして、2019 年 8 月、環境大臣の諮問機関である中央環境審議会地球環境部会「カーボンプライシングの活用に関する小委員会」で中間的整理を公表しました。しかし、経済産業省は、産業界はすでに重い負担を強いられているとして、その効果に懐疑的な見方を示しています。カーボンプライシングをめぐる議論は長い歴史があり、両省での見解は隔たったままです。これまで議論は尽くされていることから、日本としてどうするのか、政治的な決断が求められています。

■ 欧州での水素利用の動き

　ドイツは、2022 年末までに原子力発電所の稼働を完全に停止し、2020 年 7 月 3 日、石炭火力発電所を 2038 年までに全廃とする法案を可決・成立させました。その代替として、再エネを大量導入するというエネルギーシステムの大転換のさなかにあります。固定価格買取制度（FIT：Feed in Tariff）を一番早く導入したのもドイツで、再エネは分散型を中心に導入が進み、電源ミックスにおける再エネの割合は 40％を超えています。しかし、風力発電や太陽光発電といった変動電源は天候や時間に大きく左右されるため、再エネの導入が進む中、需給バランスの調整の難しさも増しています。

　欧州には国際連系線（送電線が国境を越えて結ばれている）があり、電力の輸出入により需給調整しやすい環境にあります。しかし、そうした条件下でも、ドイツは現時点では再エネ電力を全て電力系統に受け入れているため、系統全体で需給のアンバランスが発生し、需給調整の困難さが増しています。

　ドイツ北部はその地域の需要を超える大量の風力発電所を有していますが、送電ネットワークの容量不足により、その余剰電力を産業が集積する大電力消費地の南部へ送ることができません。そこで南北間の送電線の増強プロジェクトが進められていますが、地元住民や地主らの反対に合い、2015 年 10 月に送電線を地下に配

置することに計画変更しています。しかし、これらにより南北送電線の建設プロジェクトは計画より大幅に遅れています。

　再エネ大量導入による需給調整の難しさへの解決策の一つとしてドイツで注目されているのが、再エネで発電した電力を用いて水の電気分解を行い、水素（H2）という形でエネルギーを貯蔵するパワーツーガス（Power-to-Gas）技術です。再エネを普及拡大していくうえで、蓄電池に加え、水素で貯めることの重要性が再認識されています。

　そしてドイツ政府は、2020年6月「国家水素戦略」を閣議決定しました。気候変動対策として、パワーツーガスやセクターカップリング（電力・熱・交通という異なるセクターを統合し、エネルギーを融通しあうこと）など、グリーン水素の多様な利活用を進めていく方針です。

　筆者は2020年1月下旬、ドイツのノルトライン・ヴェストファーレン州ヘルテン市の再エネ由来（主に風力発電）の水素貯蔵プロジェクト「h2herten」を視察しました。h2herten は、風力発電の余剰電力を用いて水の電気分解を行い、グリーン水素として貯蔵し、電力が足りない時に水素発電（燃料電池）を用いて発電し利用する技術を実証するプロジェクトです（図 1-13）。グリーン水素の実用化に向けて技術的、経済的な課題はありますが、再エネを大量導入するためには水素で貯める技術が必要だとして、水素の価値がドイツや他の欧州各国で見直されています。

図1-13　水素貯蔵タンク（左）と水素ステーション（右）
（ノルトライン・ヴェストファーレン州ヘルテン市）

　2018年9月17日、18日にオーストリア主導のもと、欧州のエネルギー担当大臣が同国のリンツ市に一堂に会し、25か国が「欧州水素イニシアティブ」を採択しました。欧州水素イニシアティブは、水素のエネルギー貯蔵の可能性を追求し、水素技術の研究開発をさらに強化し、水素を電力、産業、モビリティの各分野に活用し、脱炭素化を図るのが目的です。

　2019年1月には、ECと欧州燃料電池・水素共同実施機構（FCH JU）は、2050年までの水素ロードマップを発表し、IPCCの2℃シナリオ実現に向けて、燃焼しても CO_2 を排出しない水素の活用が重要だとしています。欧州水素ロードマップでは、「成り行き（BAU）[23]」と「野心的（Ambitus）」の2つのシナリオで

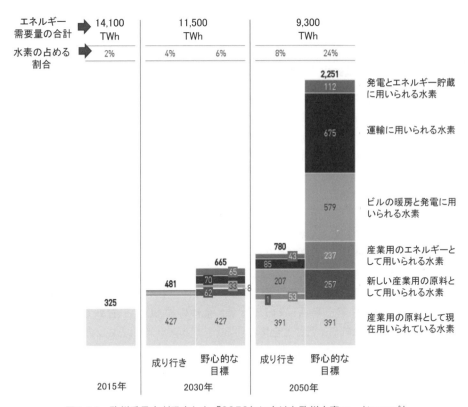

図1-14　欧州委員会が発表した「2050年に向けた欧州水素ロードマップ」
（出典：欧州燃料電池・水素共同実施機構ホームページ）

23）　BAU…business as usualの頭文字をとったもので、成り行きの意味。

将来予測をしています。2015年の最終エネルギー消費[24]1万4,100TWhのうちの水素の割合は2%でしたが、2030年には、成り行きシナリオでは最終エネルギー消費のうち水素の割合は4%、野心的シナリオでは6%。2050年には成り行きシナリオで8%、野心的シナリオでは24%のシェアに拡大する見通しです。野心的シナリオの目標達成のためには、運輸セクターでの燃料電池車（FCV）や燃料電池（FC）トラックなどの燃料電池車両の大規模な展開を行い、さらに水素の熱利用や建物用電力としての活用が必要です（図1-14）。

2020年7月8日、EUの政策執行機関であるECは「水素戦略計画」を発表し、2050年までに温室効果ガス排出量を実質ゼロにするため、グリーン水素を計画の柱に据えています。また2020年2月、独ダイムラーは、当面は電動（EV）トラックに注力するものの、燃料電池トラックを2020年代後半に量産し、2030年代以降、燃料電池トラックを電動トラックと並ぶ2本柱に位置付けると発表しています。

■ 欧州で進む車の電動化

ECは2017年2月、ドイツ国内の28都市で二酸化窒素（NO_2）の濃度がEU指令で義務づけられた基準値を超えていると警告し、2018年5月にEU司法裁判所に提訴しました。大手自動車メーカーによるディーゼル車の排ガス測定で不正が常態化していたという不祥事も重なり、ドイツの主要都市では、旧式の排気ガス規制レベルのディーゼル車の市内走行を禁止する措置が実施されています。

EUでは、新規登録車の温室効果ガス排出量を2021年から95g/kmまでに抑えることが義務づけられました。日本の105g/km、中国の117g/km、米国の121g/kmと比べても厳しい水準です。目標達成には、電気自動車やプラグインハイブリッド車（PHV）[25]の普及が必要です。

日本貿易振興機構（JETRO）の『海外ビジネス情報 地域・分析レポート』によると、ディーゼル車のイメージ低下により、例えば、ドイツのディーゼル車の新規登録台数は、2012年上半期に約78万台と全体の約50%を占めていましたが、2018年上半期には約59万台と全体の約30%までシェアが減少しました。逆に増えたのが、ガソリン車や電気自動車、ハイブリッド車です。ガソリン車は、2012

24）最終エネルギー消費…産業活動や交通機関、家庭など、需要家レベルで消費されるエネルギーの総量。

25）プラグインハイブリッド車…コンセントから差込プラグを用いて直接バッテリーに充電できるハイブリッド車。PHVまたはPHEVと略される。電機自動車などクリーンカーの定義については、第3章に詳しく記しているので参照。

年上半期の約 83 万台（全体の 51％）から 2018 年上半期には約 116 万台（63％）と大きく伸びました。電気自動車は約 1,400 台（0.1％）から約 1 万 7,000 台（0.9％）、ハイブリッド車も約 9,200 台（0.6％）から約 6 万台（3.3％）とそれぞれシェアを増やしました。

　ドイツでは、電気自動車を 2020 年までに 100 万台普及させる目標を掲げ、2016 年 1 月から 10 年間、電気自動車の購入者に自動車税を免除する措置を講じています。さらに電動車（電気自動車、プラグインハイブリッド車、ハイブリッド車、燃料電池車）の拡大を促すため、2016 年以降、電動車を対象に購入奨励金「環境ボーナス」も支給しています。支給額は、電気自動車が 4,000 ユーロ（約 48 万円）、プラグインハイブリッド車が 3,000 ユーロ（約 36 万円）です。2019 年 11 月、支給期間を 2025 年末までに延長し、支給額も大幅に引き上げることを決定しました。メルケル首相は、英国やフランスに続き、2040 年までにガソリン・ディーゼル車の新規販売を段階的に廃止する方針を示唆しています。

　さて、ドイツ国内には約 1,400 のシュタットベルケ（自治体出資の都市公社）がありますが、筆者が 2020 年 1 月下旬に視察したシュタットベルケ・オスナブリュックは、電気・ガスの小売り事業や、再エネ発電事業（主に風力、太陽光）、地域熱供給、配電網の運営管理、上下水道の運営、廃棄物処理、公共交通や公共プールの運営など、地域に様々な社会サービスを提供しています。公共交通と公共プールはオスナブリュック市が運営していましたが、赤字経営のためシュタットベルケに経営が移管され、新たに大型電気バス 13 台が導入されました。公共交通や公共

図1-15　ドイツの電気自動車の充電スタンドと街中を走る大型電気バス
　　　（左）独ニーザー・ザクセン州オスナブリュック市庁舎駐車場の充電スタンド。
　　　公用車の数十台の電気自動車が駐車する。
　　　（右）オスナブリュック市内は新たに導入した大型電気バス13台が街中を走る。

（筆者撮影　2020年1月24日）

プールの経営は現在も赤字ですが、エネルギー部門の余剰利益で赤字を適切に補填し、事業全体で採算性を確保しています（図1-15）。

　ただ、ドイツ全体に目を向けると、ディーゼルエンジンのバスが約3万5,000台運行され、オスナブリュック市のように電気バスがたくさん走っているわけではありません。その同市も一般道を走る電気自動車はまだ少ない状況です。

　ドイツ連邦政府は、電気自動車用充電インフラを国内全体で1万5,000台整備することを目標に、自治体や企業に補助金を出しています。公共利用ができ、再エネ由来の電力を充電することが条件ですが、オスナブリュック市もこのプログラムを利用しています。

■ 米国のトランプ政権：パリ協定離脱の波紋

　オバマ前大統領が、2016年11月に発表した米国の長期戦略の削減目標「United States（2016）"Mid-Century Strategy"」では2050年までに2005年と比較して80％以上の温室効果ガス排出削減を掲げ、削減目標に向けた方針を明記していました。

　主な戦略として、以下の5つが挙げられます。

　　① 変動再エネと原子力のゼロエミ比率を引き上げ
　　② 低炭素なエネルギーシステムへの転換
　　③ 森林等やCO_2除去技術を用いたCO_2隔離の推進
　　④ CO_2以外の温室効果ガスの削減
　　⑤ 海外に米国製品の市場拡大を通じた貢献

　しかし、2017年1月20日にドナルド・トランプ氏が大統領に就任し、状況は大きく変わってしまいました。トランプ大統領の温暖化問題に関する態度は基本的に懐疑的です。大統領選で自らを支持してくれた炭鉱労働者らに配慮し、就任早々、石炭火力発電の復権を打ち出しました。また就任早々、ホワイトハウスのホームページから気候変動に関する情報も削除してしまいました。

　そして、トランプ大統領は2019年11月4日パリ協定からの離脱を国連に連告し、2020年11月4日米国はパリ協定から正式に離脱することになりました。

　一方、米国内では、州政府など自治体が「We are still in（私たちはまだ残っている）」のスローガンを掲げ、トランプ政権を批判する動きもあります。トランプ就任直後の2017年のドイツ・ボンで開催されたCOP23では、パリ協定を支持する米国の自治体・企業などでつくる団体が参加し、草の根で政府方針に反対する姿勢を表明しました。

　世界の平均気温を2℃下げることを目標に活動する世界各国の地方自治体からなる国際イニシアティブ「アンダー2コアリション（Under2 Coalition）」が2015年9月設立され、カリフォルニア州が創設メンバーとなっています。パリ協定を遵守し、2050年までに温室効果ガス排出量を1990年比80%から95%の削減を求める野心的な気候変動対策目標を掲げる地方政府が連携し、各国の中央政府にも対策強化を呼びかけています。

　アンダー2コアリションには、世界の220以上の地方政府がMOU（了解覚書）を締結し、署名しています。署名した地方政府には、カリフォルニア州、マサチューセッツ州、ニューヨーク州、ワシントン州、ハワイ州、ニューヨーク市、サンフランシスコ市など、米国の26の自治体（州・市）が名を連ねています。日本では岐阜県が署名しています。署名した220以上の地域の人口は約13億人で、世界のGDPの43%に相当します。

　また、カリフォルニア州は、2018年9月サンフランシスコで「グローバル気候行動サミット」を開催し、企業・自治体・NGOなどの非国家アクターへの積極的な参加を呼び掛けるなど、脱炭素化への強いメッセージを送っています。

　連邦政府と州政府は様々な政策で相反する目標を掲げますが、温暖化対策はその最たるものと言えるでしょう。化石燃料に重点を置くトランプ政権のエネルギー政策の一方で、ハワイ州やカリフォルニア州に続き、クリーンエネルギー[26]、または再エネ電力100%を目指す推進策は、マサチューセッツ州、ニュージャージー州、ペンシルバニア州、ニューヨーク州、ノースカロライナ州、ワシントン州、ネバダ州、メリーランド州、ニューメキシコ州、ミシガン州、ミネソタ州、イリノイ州、メイン州、ロードアイランド州、コロンビア特別区で導入されています（2020年4月時点）。詳しくは第3章をご覧ください。

■ 急速に変わる中国

　中国は急速に変化しており、現在では米国に次ぐ、世界第2位の名目国内総生産（GDP）大国です。「通商白書2019」によると、中国の実質経済成長率は、2017年に7年ぶりに上昇しましたが、2018年は再び減速しました。2018年の成長率は6.6%と政府目標の6.5%前後を達成しましたが、天安門事件のあった翌年1990年（3.9%）以来の低い伸びになりました。その背景には、米国との貿易

26）　クリーンエネルギー…米国では州により「クリーンエネルギー」の定義が異なっている。太陽光や風力等の再生可能エネルギーの他、温室効果ガスを排出しない原子力、炭素回収・貯留（CCS）付きの火力発電所が含まれる場合もある。カーボンフリー、カーボンニュートラルなエネルギーという用語が使われる場合もある。

摩擦があります。

2018年米国は中国に対して追加関税を課し、中国は対抗措置を取るという貿易摩擦が生じました。米国が課す制裁関税への懸念から、2018年には駆け込み輸出が拡大しましたが、2019年9月に第4弾の制裁関税が発動され、状況は悪化しました。輸出の先行きの不透明感から、民間設備投資が落ち込む状況が続き、中国政府は2018年10月と2019年1月に所得税の減税を実施しています。

2020年1月7日配信のブルームバーグ・ニュースは、中国経済の成長率は、2019年の2兆元（約30兆5,600億円）の減税により、0.8ポイント程度押し上げられ、中国の名目国内総生産（GDP）は、2018年の92兆元（1,405兆円）から2019年末時点で約100兆元（1,528兆円）に拡大したと伝えました。

中国は、デジタル領域についても、米国に匹敵する巨大な先進市場へと急成長しています。中国南部の広東省深圳は、"ハードウェアのシリコンバレー"と言われ、ドライブレコーダー、広告動画表示タブレット、モバイル決済、顔認証決済、IoT（モノのインターネット化）、AI（人口知能）などの製品を驚くべきスピードで世に送り出しています。スマートフォンの出荷台数・シェアともに世界3位の通信機器メーカー、ファーウェイの本拠地としても知られています。

また、中国は自動車メーカーにとって重要な巨大自動車市場になっています。中国自動車市場は排気量1.6リットル以下の小型車の減税措置が終了し、2018年と2019年は販売が振るわなかったものの、年間の新車販売は2,500万台強でした。

中国政府は、2018年4月新エネルギー車規制（NEV規制）を導入し、自動車メーカーに対して、生産や輸入台数の10%を電気自動車やプラグインハイブリッド車といった新エネルギー車（NEV）にするよう義務付けました。

新エネルギー車を成長産業の柱と位置づけ、中央政府と地方政府による手厚い補助金で支援した結果、電気自動車の販売台数は、2012年の約1万2,000台から、2018年は約125万台と100倍に伸びました。中国政府は燃料電池車も2030年までに100万台の目標を掲げています。

一方で、NEVメーカーの補助金依存の懸念から、2019年6月末から地方政府の補助金は廃止され、中央政府の補助金も半減されました。1回の充電で一定の距離を走行できなければ補助金の対象から外すなど基準を厳格化し、現在はNEVメーカーの性能向上と競争力強化を促す流れに転換しています。中国政府は2020年6月、NEV規制の強化に向けた改正を2021年1月に行うことを発表しています。NEV規制改正に加えて、燃費規制を改正し、ハイブリッド車を低燃費車とみなして優遇する見通しです。

筆者は2019年4月に開催された上海モーターショーを見に行きました。20か

図1-16 上海モーターショー
（筆者撮影 2019年4月）

国・地域から 1,000 社を超える自動車関連企業が集まり、各メーカーが競って電気自動車や次世代のコンセプトカーを多く出展し、華やかなモーターショーでした（図 1-16）。中国の新興 NEV メーカーや NEV 関連企業がこの数年で爆発的に増えた状況にも驚きました。日本のスピードでやっていると、様々な分野で中国には勝てなくなってしまうのではと感じてしまいます。

1-5 日本での動き ― 日本の地球温暖化対策 ―

■ 日本の温室効果ガス削減目標

　2016 年 5 月、政府（内閣府・環境省・経済産業省）は「地球温暖化対策計画」を閣議決定し、2030 年度に 2013 年度比で 26％削減する中期目標および長期的目標として 2050 年までに 80％の温室効果ガスの排出削減を目指すことを、地球温暖化対策を進める礎としてきました。政府は 2020 年 3 月の NDC（削減目標）の国連提出を契機として、8 月以降に地球温暖化対策計画の見直しに着手し、「エネルギーミックスの改定と整合的な更なる削減努力を反映した意欲的な数値を目指す」と表明しています。

　パリ協定を締結した国は、2020 年 12 月までに、今世紀後半（2050 年以降）を展望した温室効果ガス排出削減に向けた長期戦略を策定し、国連に提出しなければなりません。日本政府は、2019 年 6 月 11 日「パリ協定に基づく成長戦略としての長期戦略（長期戦略）」を閣議決定し、気候変動枠組条約（UNFCCC）事務局に提出しました。

　この長期戦略の中で、政府は「脱炭素社会」を今世紀の後半のできるだけ早い時期に実現するというビジョンを掲げ、イノベーションを生み出し、国内投資を活性化することで国際競争力の強化を図る計画です。

長期戦略における各分野の排出削減対策・施策の柱は、①エネルギー、②産業：脱炭素化ものづくり、③運輸、④地域・くらしです。

① エネルギーの発電分野では、太陽光発電や風力発電など「再エネの主力電源化」を進め、火力発電の依存度を可能な限り引き下げること。また、CCS・CCU[27]技術開発によりカーボンリサイクルを推進すること。水素や蓄電池、省エネなどを推進すること。

② 産業：脱炭素化ものづくりでは、製造現場での抜本的な省エネルギーを進めること。再エネや CO_2 フリー水素[28]の活用、また CO_2 を資源として有効利用する人工光合成[29]やメタネーション[30]などの実用化（2030～2050年）を目指す。

③ 運輸では、政府による2050年に向けた「xEV戦略」（電動車：電気自動車、プラグインハイブリッド車、ハイブリッド車、燃料電池車）を進め、世界最高水準の環境性能を実現し、燃料から走行までトータルでの温室効果ガス排出をゼロにする "Well-to-Wheel Zero Emission" にチャレンジする。

④ 地域・くらしでは、2050年までにカーボンニュートラル、かつレジリエント（災害に強靭）で快適な地域とくらしの実現を目指す。再エネ、木材などバイオマス資源の地産地消を進め、脱炭素社会への転換に貢献する、としています。

　2050年以降を展望したパリ協定長期戦略に日本はどう取り組み、どう成長していくのでしょうか。また、30年後の私たちが暮らす地域や社会はサステナブルでしょうか。ぜひ想像してみてください。

　さて、2020年4月14日、資源エネルギー庁が公表した「2018年度総合エネルギー統計」では、エネルギー起源 CO_2[31]排出量は約10.6億トンで、前年度比4.6%減と5年連続減少し、2013年比14.2%減でした。セクター別では、企業・事業所他が前年度比4.1%減、家庭が同11.1%減、運輸が同1.4%減となりました。企業・事業所他セクターは、経済活動は緩やかに拡大しましたが、鉄鋼やエチレンの

---

27) CCU…Carbon dioxide Capture and Utilizationの略で、回収した CO_2 を原料として有効利用する技術。

28) CO_2 フリー水素…CO_2 の排出量を大幅に低減させた方法で製造された水素。

29) 人工光合成…太陽光を活用して、水と二酸化炭素（CO_2）から酸素や水素、有機物などの貯蔵可能なエネルギーや化合物を人工的に生成する技術。

30) メタネーション…水素と CO_2 からメタンを合成する技術。カーボンリサイクル技術の一つ。メタンは天然ガスの主成分で、都市ガス導管等の既存のエネルギー供給インフラでの有効活用ができる。

31) エネルギー起源 CO_2…燃料の燃焼、他者から供給された電気、または熱の使用に伴い排出される CO_2

生産量の減少や省エネの進展などにより排出削減となりました。また家庭セクターは暖冬の影響から、厳冬だった2017年度に比べ大幅な減少となりました（図1-17）。

従来は経済成長に伴い排出が増えていましたが、再エネの拡大や省エネなどを背景に、国内総生産（GDP）の微増傾向が続く中でも排出量は減ってきています。しかし、脱炭素社会は現状からの積み上げでは実現できません。新型コロナウィルス感染症の拡大による経済停滞が生じ、CO_2排出量は短期的には前年比減になることが予想されますが、コロナ終息後（アフターコロナ）を見据え、脱炭素化に向けた技術開発および取り組みを進める必要性は変わりません。

■ 産業界の動き

日本経済団体連合会（経団連）の会員企業・団体は、1997年から「経団連環境自主行動計画（1997～2012年度）」、2013年からは2030年の中期温暖化対策の「経団連低炭素社会実行計画（以下、実行計画）」のもと、温暖化対策に取り組んでいます。環境自主行動計画では、産業・エネルギー転換セクターからのCO_2排出量を1990年度レベル以下に抑制する目標に対して、2008～2012度平均の排出量は4億4,447万$t-CO_2$となり、1990年度比で12.1％削減しました（図1-18）。削減要因として、生産活動量当たりのエネルギー消費原単位[32]の改善努力が排出量削減につながりました。

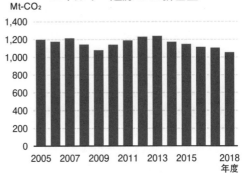

エネルギー起源 CO_2排出量

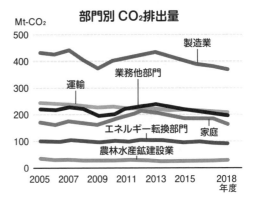

部門別 CO_2排出量

図1-17 エネルギー起源のCO_2排出量の推移と部門別CO_2排出量（2018年度総合エネルギー統計）

---

32) エネルギー消費原単位…エネルギー使用量を生産数量または建物床面積その他エネルギー使用量と密接な関係を持つ値で示したもの

実行計画は、2020年を目標年としたフェーズⅠと2030年を目標年としたフェーズⅡに向けて、4つの柱—「国内の事業活動における排出削減」、「製品・サービスによる削減等を含めた主体間連携の強化」、「途上国への技術移転などの国際貢献の推進」、「革新的技術の開発」を掲げています。2018年度のCO$_2$排出量は、すべてのセクター（産業、業務、運輸、エネルギー転換）で、2013年比および前年比（2017年度）比ともに減少しています（表1-2）。

　2018年からは、経団連は企業活動がよりグローバル化する中、商品やサービス

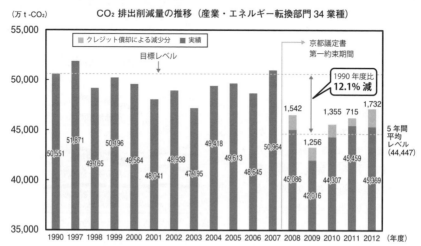

（万t-CO$_2$）　　　CO$_2$排出削減量の推移（産業・エネルギー転換部門34業種）

※1　2008年度以降の実績はクレジット償却後の数値
※2　クレジット償却前の5年間平均(2008~2012年度)は、1990年度比で9.5%減

図1-18　環境自主行動計画の成果
（出典　日本経済団体連合会）

表1-2　各セクターのCO$_2$排出量実績と削減率（速報値）

部　門	集計対象/ 計画参加業種数	2018年度 排出量実績	2005年度比	2013年度比	前年度 （2017年度比）
産　業	29/31業種	3億5,842万t-CO2	−13.3%	−8.1%	−2.5%
業　務	11/16業種	1,235万t-CO2		−17.4%	−6.5%
運　輸	12/12業種	1億1,283万t-CO2	−23.2%	−15.0%	−16.0%

※エネルギー転換部門は電力配分前排出量を示すこととしたため、集計対象に含まれていない。

（出典　日本経済団体連合会「低炭素社会実行計画2019年度フォローアップ結果総括編」
〈2018年度実績〉をもとに筆者作成）

等のサプライチェーン全体に着目して、温室効果ガス排出削減に取り組むグローバル・バリューチェーン（GVC）を推進しています。「バリューチェーン（価値連鎖）」の提唱者は、経営戦略論研究の第一人者であるハーバード大学経営大学院のマイケル・E・ポーター教授です。バリューチェーンは、企業活動における業務の流れを工程・タスク単位で分割し、業務の効率化や競争力の強化を目指す手法です。

　例えば、高機能な素材や部品を製造・開発する際に、従来の製品・サービスよりも CO_2 排出量が増加したとしても、それが最終製品に組み込まれることにより、消費者の使用段階で発生する CO_2 排出量を大幅に削減できれば、ライフサイクル全体で見た CO_2 排出量の削減につながります。

　自動車用の高強度鋼板を例に挙げると、高強度を確保しながら薄肉化ができ、これを用いた自動車は、従来の普通鋼鋼材を用いた自動車と比べて、軽量化され、走行時の燃費改善による CO_2 排出削減の効果が得られます（図1-19）。

　また、経団連は2020年6月8日、脱炭素社会の実現に取り組む新プロジェクト「チャレンジ・ゼロ」にトヨタ自動車や日本製鉄など137の企業・団体が参加することを発表しています。

　この他、脱炭素社会に向けて連携する企業ネットワーク「日本気候リーダーズ・パートナーシップ（JCLP）」は、2019年1月29日、「日本も2050年実質ゼロを宣言し、これに合致する温室効果ガスの削減目標を設定すべきだ」とする意見書を公表しています。JCLPは2017年末までは10社程度だった会員が142社（2020年7月17日時点）まで増えており、脱炭素社会への移行を推進する新たな形の企業連携が生まれています。

　中小企業でも温暖化対策への動きが出ています。2019年10月9日設立された

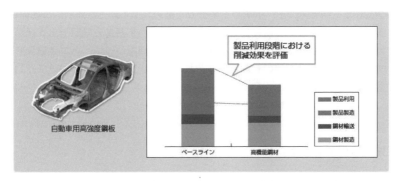

図1-19　自動車用高強度鋼板とベースライン（普通鋼）のGVC比較
（出典　日本経済団体連合会「グローバル・バリューチェーンを通じた削減貢献
―民間企業による新たな温暖化対策の視点」）

「再エネ 100 宣言 RE Action」は、中小企業を中心とした再エネ導入拡大に向けた新しい枠組みです。JCLP、グリーン購入ネットワーク（GPN）、イクレイ日本（ICLEI）、地球環境戦略研究機関（IGES）の 4 団体の主催のもと、69 団体（2020年 7 月 17 日時点）が参加しています。

■ 非化石エネルギーへの転換めざす　― エネルギーミックス ―

　日本政府は、2018 年 7 月「第 5 次エネルギー基本計画（以下、エネ基）」を閣議決定し、「3E＋S」（安全性を前提としたエネルギーの安定供給、経済効率性、環境への適合）の深掘りを図り、1 次エネルギーの再エネ比率を 10 ～ 11％、電源構成の再エネ比率を 22 ～ 24％を目標に掲げ、エネルギー政策において再エネの主力電源化を初めて打ち出しました。

　原子力は、依存度を低減させながらベースロード電源として活用を続ける方針です。ちなみに 2018 年度総合エネルギー統計によると、発電電力量の電源構成は、再エネは 16.9％、原子力は 6.2％、火力は 76.9％。日本のエネルギー自給率は11.8％（2018 年度）です。

　化石燃料については、福島事故後は依存度が高くなっていますが、近年石炭火力発電所への国際社会からの批判が強まっており、COP25 では日本は脱石炭への道筋を問われ、厳しい批判にさらされました。こうした状況の中で、2020 年 7 月 3 日、梶山弘志経済産業相は、非効率石炭のフェードアウトに関する方針を表明しました。

> 「エネ基に明記している非効率な石炭力のフェードアウトや再エネの主力電源化を目指していく上で、より実効性のある新たな仕組みを導入すべく今月中に検討を開始する」

> 「2030 年に向けてフェードアウトを確かなものにする新たな規制的措置の導入や、安定供給に必要となる供給力を確保しつつ、非効率石炭の早期退出を誘導するための仕組みの創設、既存の非効率な火力電源を抑制しつつ、再エネ導入を加速化するような基幹送電線の利用ルールの抜本見直し等の具体策について、地域の実態等も踏まえつつ検討していく」

　政府は 7 月より非効率石炭火力のフェードアウトの政策手法の検討を開始します。

■ FIT 法から再エネ促進法へ

　再エネの主力電源化に向けては、筆者も総合資源エネルギー調査会「再生可能エネルギー大量導入・次世代電力ネットワーク小委員会」のメンバーとして議論に参加しています。再エネ普及拡大のけん引力となった 2012 年 7 月施行の固定価格

買取制度（FIT 制度）ですが、2020 年度の買取費用総額は 3.8 兆円、賦課金総額は 2.4 兆円。国民負担の低減を目指し、2030 年度の再エネの電源割合 24％に向けて、あと 7.1％を約 1 兆円 / 年の賦課金で実現するのを目指しています。

電気事業法や FIT 法などの改正を盛り込んだ「エネルギー供給強靭化法」が、2020 年 6 月 5 日、参議院本会議で可決・成立しました。FIT 法の改正では、再エネを「競争電源」と「地域活用電源」と 2 つに分けて、競争電源（大規模太陽光、大型風力等）は、FIP（Feed in Premium：フィード・イン・プレミアム）制度へ移行させ、地域活用電源（住宅用・小規模太陽光、小水力、バイオマス等）は地域活用要件を設定して FIT 制度を維持する方針です。

FIP 制度とは、再エネ発電事業者が再エネ電力を電力卸市場に直接販売し、卸電力価格に市場プレミアムを上乗せする仕組みです。FIT 制度を取り入れた海外では、EU を中心に再エネの電力市場への統合を目的とした FIP 制度への移行が進んできています。日本では、FIT 制度に加えて、新たに FIP 制度を創設し、2022 年 4 月 1 日に FIP 制度を開始する予定です。

FIP 制度は、あらかじめ定める売電収入の基準価格（FIP 価格）と市場価格に基づく価格（参照価格）[33]の差額を、供給促進交付金（プレミアム）として事業者に交付します。発電事業者は、卸電力市場での価格が高い時間帯（需要ピーク時）に売電すると、売上の増加につながります。また、競争電源の発電事業者は、卸電力市場で電気を販売し、インバランス[34]の調整を行うことも求められます。

また FIT 制度に加えて FIP 制度が導入されるため、法律の正式名称が変わります。現在の FIT 法は「電気事業者による再生可能エネルギー電気の調達に関する特別措置法」が正式名称ですが、改正後、法律名は「再生可能エネルギー電気の利用の促進に関する特別措置法（再エネ促進法）」に変更になります。

FIT 制度から自立する自家消費のビジネスモデルを推進していくことも、国民負担（再エネ賦課金）の抑制への打開策の一つです。最近では、卒 FIT 住宅用太陽光発電の活用、蓄電池などのエネルギー貯蔵システム導入、第三者所有方式（TPO）

---

33) 参照価格…卸電力取引市場での平均価格を基礎として、季節または時間帯による供給の変動その他の事業を勘案し、経済産業省令で定める方法により算出した1kWh当たりの額として定められる。

34) インバランス…インバランスは発電と需要による差のこと。発電事業者は計画値同時同量制度において、インバランスが発生しないことが求められ、原則として発電計画の作成と発電インバランスリスクに関わるコストを負担しなければならない。FIT制度のもとでは、すべての発電電力をFIT価格で買い取ってもらえるため、発電事業者にはインバランスリスクは発生しない。発電事業者に代わり、一般送配電事業者、もしくは小売電気事業者が発電計画とインバランスのコストを担う「FITインバランス特例」が措置されている。

の電力購入契約（PPA）によるゼロ円設置モデルといった新しいビジネスモデルも生まれています。

■ 注目の洋上風力発電と"ゲームチェンジャー"

　日本の再エネ主力電源化の切り札とされるのが、洋上風力発電です。先行する欧州では洋上風力発電を大規模に展開し、かつ入札制度を導入することにより、発電コストが下がり、競争力ある電源になってきています（図1-20）。

　2019年4月1日施行された「海洋再生可能エネルギー発電設備の整備に係る海域の利用の促進に関する法律（再エネ海域利用法）」は、洋上風力発電の促進区域を国が指定し、漁業者などの先行利用者との調整の枠組みを設定し、公募入札により事業者を選定したうえで、最長30年間の占有を可能にしました。

　2019年7月末に4区域（秋田県能代市・三種町・男鹿市沖、秋田県由利本荘市沖、千葉県銚子市沖、長崎県五島市沖）が促進区域の前段となる有望区域に選定されました。経済産業省と国土交通省は、2019年12月27日、五島市沖を「促進区域」に指定し、秋田2区域と銚子沖も7月21日促進区域に指定されました。2020年7月3日には、新たな4区域が有望区域に選定されています。

　今後の再エネの大量導入を支える次世代電力ネットワーク構築に向けて、再エネ

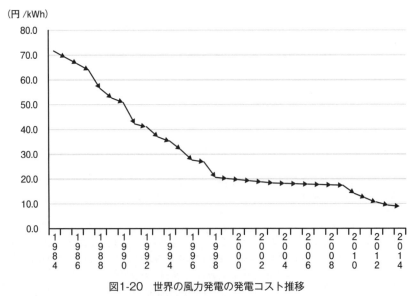

図1-20　世界の風力発電の発電コスト推移

（出典　Bloomberg New Energy Finance）

促進法において、これまで地域の送配電事業者が負担していた地域間連系線等の系統増強の費用の一部を賦課金方式で全国で支える制度が創設されます。

　再エネの技術開発で、"ゲームチェンジャー"（市場の状況などを急激に変えてしまう企業や製品）が登場する日も近づいています。経済産業省は、ペロブスカイト太陽電池（PSC）[35]と呼ばれる新しいタイプの太陽電池への開発支援を打ち出しています。世界的に普及が進みつつある太陽電池の主流は結晶シリコンを使ったものですが、PSCは、フィルム状で軽くて曲げられる特性があり、材料費と製造コストが非常に安く、結晶シリコン太陽電池並みの高効率が期待されています。PSCは、次世代の太陽電池の本命として、世界で熾烈な研究開発競争が繰り広げられています。2019年7月、NEDO（新エネルギー・産業技術総合開発機構）の産学連携プロジェクトで、東京大学研究チームが、20％を超える高い変換効率のPSCのミニモジュールの作製に成功しています（図1-21）。

　PSCが実用化されれば、軽いフィルム型のPSCをビルの壁面に張り付け、密着して設置できれば、安全性を担保しつつZEB（ネット・ゼロ・エネルギー・ビル）やZEH（ネット・ゼロ・エネルギー・ハウス）の普及に貢献できます。また、電気自動車の硬い曲面にもスプレイ塗装でつくり込むことができ、車体と一体化できます。

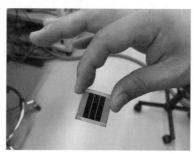

図1-21　世界最高変換効率20％超を出したペロブスカイト太陽電池（PSC）のミニモジュール（東京大学 瀬川研究室）

■ 分散型エネルギーを活かした社会

　エネルギー供給強靱化法の成立により、新・電気事業法の下、「災害時の連携強化」「送配電網の強靱化」「災害に強い分散型エネルギーシステムの整備」を進めていく方針です。分散型エネルギーシステムとは、電源（電気をつくる方法）が分散して設置され連携している状態で、災害に強いと考えられます。アグリゲーターライセンス[36]の導入などにより、再エネなどの分散エネルギーの最適な活用を図る計画

35）ペロブスカイト太陽電池（PSC）…発電層に有機金属ハライドペロブスカイトを用いた太陽電池の総称。発電層を含む厚みが結晶シリコン太陽電池の1/100程度と非常に薄いため、軽量化できる。

36）アグリゲーターライセンス…再生可能エネルギー等分散型電源で発電した電力供給を束ねて仲介する事業者に対して、電気事業法に基づくライセンスを付与する制度

です。

　アグリゲーターは、分散型エネルギーリソースを統合制御し、VPP（仮想発電所）やデマンドレスポンス（DR＝需要応答）[37] からエネルギーサービスを提供する事業者のことで、海外では VPP 事業への参入が相次いでいます。欧米で活発に活用されているデマンドレスポンスは、猛暑や厳冬による需給逼迫への対応の他、再エネの大量導入に向け、再エネの出力変動対策の「調整力」として活用でき、日本の電力システムの効率化に貢献することが期待されています。この他、国の委員会などでは、再エネなど分散型電源による地産地消の自律型「マイクログリッド」[38] のような新しい技術の導入により、メイングリッド（基幹電力系統）とマイクログリッドを連系させる次世代ネットワークの構築の検討も進められています。

　日本政府も、再エネの主力電源化と非化石エネルギーへの転換に向けて舵を切りました。産業界もパリ協定、ESG 情報の開示、SDGs の潮流の中、「脱炭素」に向けて動き出しています。脱炭素に向かっていくことがグローバル企業にとって社会的価値を高めることになり、また脱炭素に向かわないとビジネス上も生き残れない時代になってきたことを考えてほしいと思います。

---

37) デマンドレスポンス（DR＝需要応答）…電力卸市場の価格高騰時や電力需給の逼迫が予想される時に、需要家側の電力使用を抑制するなど、電力の供給パターンに応じて電力需要（消費パターン）を変化させ、需給を安定化させる手法
38) マイクログリッド…一定地域において、すべての電力負荷を分散型電源から供給する小規模電力系統のこと。系統と切り離し、地域内で閉じる「オフグリッド」もあるが、系統電力で補完できるマイクログリッドの方が信頼性は高まる。

分散型エネルギーのデジタル化・可視化への期待

　2020年1月下旬にドイツを訪ねたのは、産官学連携の「東京大学サステナブル未来社会創造プラットフォーム」の有志メンバーとして、ドイツの分散型エネルギーを活用したエネルギー社会システムを調査し、日本のエネルギーシステムとの親和性や課題、産業への適応を検討することが目的でした。現地では、主に「オスナブリュック・シュタットベルケ」や水素実証プロジェクト「h2herten」、「キリヌス（QUIRINUS）プロジェクト」の取り組みをヒアリング調査しました。キリヌス・プロジェクトは、配電ネットワークにサービスを提供する地域仮想発電所（VPP）の実証プロジェクトです。（実証期間：2018年4月〜2020年3月末）SME Management社をはじめ8社と2大学が参画し（約100名のエンジニア）、コンソーシアムでプロジェクトを進めています。

　視察当日は、モニタリングによる分散型エネルギーリソースの管理や送配電の需給混雑の見える化のデモを見せてくれました。（写真撮影禁止でしたので、その様子はお見せできず残念！）地域のすべての再生可能エネルギー発電所を情報通信ネットワークでつなぎ、データは中枢システムへ集約され、システムサービスにより安定した電力の需給調整を図るというものです。ドイツでは配電会社が800社以上（700社程度が地方自治体営）あり、再生可能エネルギー発電は配電会社に連系していることが多く、小規模な太陽光発電や小型風力などエネルギーリソースがどんどん増えていく中、いつ、どこで、どの電源から、どれくらいの発電量があるのか、逆潮流の把握や管理が課題になっています。キリヌス・プロジェクトでのシミュレーション結果を活かし、配電網への投資を最適化して少なくするのが、このVPP実証の目的です。

　日本の送配電は、旧一般電気事業者による送電と配電の一体運営がされていますが、国の委員会などでは、分散型のエネルギーリソースの情報をデジタル化・可視化することにより配電網での運用を最適化し、上位の送電と協調して系統全体の安定供給を図るといった構想も議論されています。今回キリヌス・プロジェクトを見学し、配電網内のデジタル化は新たなイノベーションにつながりそうだと期待が高まりました。

2020年1月下旬、ドイツ視察の際に立ち寄ったオスナブリュック大学の前で筆者近影

2-1 「脱炭素化」への道

■「脱炭素」という言葉の魔力

　「脱炭素」。この言葉をよく耳にするようになったのは、いつ頃からでしょうか? 筆者の記憶では、ここ3～4年と感じています。世界最大のインターネットショッピングサイトであるアマゾンドットコム。本のカテゴリで「脱炭素」でキーワード検索をしたところ、2017年までに出版された書籍や雑誌は3件程度でしたが、2018年、2019年の2年間では30件以上。「脱炭素」をテーマに出版された雑誌や書籍がここ2年でそれまでの10倍になっています。これは急速な増加です。以前は、二酸化炭素等の排出を減らしていくということで「低炭素」という言葉がよく使われていたのですが、覚えていないという方も多いでしょう。ちなみに「低炭素」をテーマとする書籍は、2017年までに60件以上出版されていましたが2018年、2019年は3件。書籍のタイトルも「低炭素」から「脱炭素」へといつのまにか変わっていました。

　大手検索エンジンGoogleでは、過去のニュースが検索できます。それによると「脱炭素」に関連するニュースが、これまで約2万4,000件。ここ数年、増加傾向にあります。「脱炭素」がタイトルに盛り込まれたビジネス関連のセミナーやイベントも増えています。例えば、「脱炭素経営フォーラム2019」「脱炭素イノベーション政策セミナー」「脱炭素経営セミナー」「脱炭素社会を目指したエネルギーマネジメント」など。書籍やニュース、セミナー等での取り扱いが増えることで「脱炭素」という言葉を耳にする機会が増え、いつの間にか身近になってきました。

　筆者は、この「脱炭素」というフレーズに「低炭素」という言葉にはない魔力、人の心に響く何かが存在すると感じています。「脱○○」という言葉。ものごとを根底から変えていくような勢い、見過ごすことができない力強さを感

図2-1　本のキーワード検索「脱炭素」の変化

じます。

■ 悩んで当然。明確な計画を立てられているのは、1 ～ 2割程度

　さて、皆さんは、今読んでくださっているこの書籍をどのような経緯で入手されたのでしょうか？「以前から環境・エネルギー問題に興味があって」という方。一方で、上司からの「脱炭素について勉強しておくように！」という指令や「RE100にライバル企業が加盟した。うちの会社はどうするべきか？」という危機感からという方もいらっしゃるでしょう。

　環境やエネルギーを1つの専門分野として活動している筆者は、様々な場面で「脱炭素」について学び始めた方とお話しする機会があります。そこで感じるのは、みなさんが一様に「脱炭素」について悩んでいる、ということです。特に下記のような声を耳にします。

　「どこから取り組むべきかわからない」

　「どんなメリットがあるのだろうか？ デメリットはないのか？」

　「取り組みを進めたいが、社内をどう説得していけばよいのか…」

　「うちの会社が脱炭素化に取り組むことは、どれくらい意味があることなのか？」

　いずれの声も、どこかすっきりしていない、腑に落ちていないお気持ちが受け取れます。

　筆者が感じた「脱炭素」担当者の方々の、この「もやもや、ざわざわ」した感じ。筆者の主観ではないようです。

　ビジネス雑誌『東洋経済』では、2019年5月18日号で「脱炭素時代に生き残る会社」という40ページにわたる特集が組まれました。その中で、日本を代表する上場企業108社にアンケートを実施しています。回答した企業の8割以上がCO_2排出係数の低い電力利用への関心をもっています。しかし、再生可能エネルギー（以下、再エネ）電力の中長期的な調達目標が明確な企業は約3割にとどまっています。売り上げが数千億、1兆円を超えるような企業108社でさえ計画に落とし込めている割合が3割程度。中小企業を含めた日本の企業全体で

図2-2　日本企業に占める心の「もやもや、ざわざわ」感の割合（イメージ）

は、脱炭素化に向けて具体的な取り組みを進められているのは、多く見積もって
1〜2割というところでしょう。つまり10社のうち具体的に進められているのは、
1〜2社程度。残りの8〜9社の企業は、「関心はあるけれど、具体的にどうした
らよいかわからない、結果的にまだ取り組めていない」という状況であり、まさに
「もやもや、ざわざわ」しているのです！

　この「心のもやもや、ざわつき」の正体は何でしょうか？　現在の自分や組織の
立ち位置を確認するためにも少し考えてみましょう。

■ 心の「もやもや、ざわつき」のタイプ

　心の「もやもや、ざわつき」には、様々な理由があるはずです。少しでも整理に
役立つように筆者なりにいくつかのタイプを次に挙げてみます。

心の「もやもや、ざわつき」のタイプ分析
① そもそも「脱炭素」についてよく理解していない。
・コトバは知っているが、具体的にどういうことを指すのかわかっていない。
・「なぜ、脱炭素に取り組まなければいけないのか」が理解できていない。
・脱炭素と地球温暖化、気候変動との関連性について詳しく知る機会がなかった。
・取り組まないと地球や人類がどの程度の影響をうけるのかが具体的に想像できな
い。
・脱炭素の取り組みが、一時の流行りのような気がしている。
② 組織で脱炭素に取り組む意義が説明できない
・脱炭素と気候変動の関係性は理解しているが、「環境問題は個人の価値観によって
考える問題だ」と自分も周囲も感じている。
・地球温暖化や気候変動問題に関心の高い人は、すでに生活の中で実行している。
例えば、買い物のときにマイエコバックを利用したり、シャンプーは必ず詰め替
えを行ったり、商品を購入する際には環境への影響を考えて吟味するなど。関心
の高い人は、誰に言われるでもなく行動している一方、関心がない人は行動にう
つしていない。つまり、脱炭素は個々人の価値観が深く関係し、人によって振れ
幅のあるテーマであるため、組織全体として取り組むのではなく、個人の価値観
で実施するのが適切だと考えている。上記の理由から、企業や組織として意見や
行動指針をまとめていくことが困難だと感じている。
③ 一企業では非力すぎて心が折れる、成果が見えづらい
・脱炭素化の目的も理解しているし、具体的な行動が必要な重要テーマだと理解し
ている。自社でも具体的な行動をできたらと考えている。一方で、あまりにも問

題の規模が大きく、何から手をつけたらよいのかがわからない。

・地球温暖化や気候変動は地球規模での問題であり、自社の取り組みがどれほどのインパクトがあるのかが把握しにくい。自社にとってどれくらいの経済的リターンを生み出すのかをどのように計測して説明していけばよいかがわからない。

図2-3 心の「もやもや、ざわつき」のタイプ別イメージ

・取り組みの結果が目に見えるのが、30年後、50年後という点も、行動にブレーキをかけている。つまり「のれんに腕押し」感がある。

　いかがでしょうか。読者の皆さんの「心のもやもや、ざわつき」の正体は、①〜③のどれかに該当しませんか。皆さんの立場が異なるので、①と②の中間くらいという方、ここに書かれていない④や⑤という方もいらっしゃるでしょう。

　こうして整理してみると、「脱炭素」というのは、組織の中で実施・実行するまでに、超えるべき心理的なハードルがあることがわかります。当たり前ですが、自らが納得感の薄いことを周りの人たちや組織全体に説明していくことは至難の業です。説明している自分自身が納得していないことがどうしても相手に伝わってしまうからです。

　自分（達）の心の現在地を確認しておくということは、これから何かを始める際にとても大切なことです。「もやもや、ざわつき」を感じる方は、少し立ち止まって問いかけてみてください。①〜③のどのタイプか？ はたまた全然違うのか？ 自分や組織全体は、どのタイプであるかを明らかにし納得することで前に進むきっかけになります。

　さて、本題に入りましょう。「脱炭素」は、非常に力強い言葉であり、人それぞれ捉え方が異なり、組織内の賛同を得ていくには手間と時間がかかるテーマであることを共有しました。では、そのような難しいテーマに本当に組織として取り組む必要があるのか、「ブーム」と「トレンド」という軸で考えていきます。

■ 経営におけるブームとトレンド

　「脱炭素」は、一時の流行りとして無視してもよいテーマでしょうか？　まずここでお伝えしたいのは、新しいテーマには「ブーム」と「トレンド」の２つがあるということです。企業にとって無視しても構わないものとして「ブーム」があります。一方で、無視してしまうと致命的になりかねないものとして「トレンド」があります。

　例えるならば「ブーム」は高層ビルの隙間に吹くビル風のような瞬間的な強い風です。非常に強い風ですが、そこを通り過ぎると嘘のように止みます。特定のキーワードの商品やサービスがある年に爆発的に売れるというものがブームの１つです。一方で「トレンド」は、多少の強弱はありますが、止むことのない海風であり、大きな流れです。

　「トレンド」としてわかりやすいものに、95年ごろからの企業のIT化（OA化）がありました。登場したころには、「仕事は現場に足を運ぶことが基本。パソコン操作なんて社内にいる部下に任せておけばよい！」と豪語するリーダーが沢山いらっしゃいました。そうしてIT化を怠たり、対応が後手に回ったリーダーや企業の多くがどうなったのか。あきらかに競争力を失い低迷するか、遅れを取り戻すためのキャッチアップに莫大な費用をかけることになりました。「トレンド」であるIT化（OA化）を「ブーム」と勘違いしてしたリーダーが作ってしまった経済的損失は非常に大きかったのです。

　トレンドの見極めは、経営にとって非常に大切なことです。トレンドにのるということは、例えるならのぼりのエスカレーターにのりながら、上を目指すようなものです。トレンドに対応しない（無視する）ことは、くだりのエスカレーターをのぼりながら上を目指して経営するようなものです。もちろん、くだり続けるエスカレーターに逆らって一段一段上りながら、頂上を目指すことも可能です。しかし、歩みを止めたとたんに、どんどん下がってしまいます。できれば、上りのエスカレーターに乗りながら上を目指した方が経営者も従業員

図2-4　ブームとトレンドの違い

も幸せでしょう。新しいテーマがブームかトレンドかをしっかりと見分け、トレンドを見逃さないことが大切です。

■ 永続的な繁栄を保証するパスポート

第1章で各国の政府動向、金融機関の大きな方向転換、グローバル企業の積極的な取り組みを紹介しました。脱炭素化は間違いなく世界規模の「トレンド」です。吹き止むことのない風です。

日本でもこのトレンドを支持する動きが高まっています。日本の大手企業を中心に構成されている日本経済団体連合会、いわゆる経団連も「脱炭素社会」に向けた構想を 2019 年 12 月に発表しました。環境省も施設で使う全電力を 2030 年度までに太陽光発電などの再エネに切り替える方針を発表しました。東京都も気候変動対策として「2050 年の 100%脱炭素化」を目指し、再エネの基幹エネルギー化に取り組むなどの基本戦略「ゼロエミッション東京戦略」をまとめました。大手企業の動きや日本政府、地方自治体の最近の動向からも、脱炭素への対応は不可逆的なテーマになりつつあります。

「うちは大手企業じゃないから大丈夫」と思われた読者の方。確かにあと数年は取り組まなくても大丈夫かもしれません。しかし、うかうかしてはいられません。なぜなら、トレンドへの対応は、遅かれ早かれ企業の大小に関わらず、すべての会社に必須だからです。

IT 化の象徴であるインターネットが普及したときを思い出してみてください。まず大企業がホームページを開設し、メールを使って仕事のやりとりを始めました。取引のある中小企業もこぞってメールアドレスを取得し、名刺に印刷しました。なぜなら、メールアドレスがなければ大切な取引先とのコミュニケーションが取れず、ビジネスが成立しなくなるからです。大企業に引きずられる形で中小企業もインターネットの活用が一気に拡がりました。今では、名刺にメールアドレスがないと「えっ！ メールアドレスないのですか？」と質問されるくらいです。このビジネス文化の変化は 1995 〜 2010 年頃までのたった 15 年で起こったことです。

重要な取引先が貴社の脱炭素への取り組みに対して質問してきた

図2-5　ビジネス文化の変化

際に「何もやっていませんし、わが社は小さな会社ですので、これからも何もやるつもりはありません」と答えられるでしょうか。気がついたときには、重要な取引先が他社にのりかえているかもしれません。つまり大企業に比べると中小企業も時間的な猶予は少しあるかもしれませんが、このトレンドを無視することはできないのです。

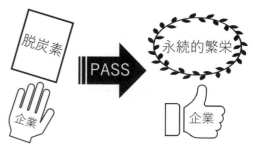

図2-6 「脱炭素」の対応は永続的繁栄に必要なパスポート

　皆さんの企業や組織が目指すのは、長期的かつ永続的な繁栄であるはずです。そうであれば、やはり時代の大きなトレンドを見逃さないことが大切です。トレンドをしっかりと把握し、率先して対応していく、その中で必要であれば新しい考え方を取り入れる柔軟さ、素早く行動する機敏さが大切です。筆者は、脱炭素への対応は、永続的に繁栄する企業になるためのパスポートだと考えます。

2-3 「脱炭素」の可能性を探る

■ 脱炭素のメリットとデメリット

　脱炭素が必須の取り組みであることを踏まえ、ここからは企業や組織が脱炭素に取り組む際のメリットとデメリットを整理します。メリットをしっかりと理解し、関係者に共有することができれば、多くの方の賛同を得ることができます。特に前述の「心のもやもや、ざわつき」のタイプ②にあたる方は、参考にしていただければ幸いです。

　キーワードは、「ステークホルダー（利害関係者）」です。環境省が作成した図をご覧ください。ステークホルダーというと、まず顧客や従業員、ビジネスパートナー、投資家・株主を思い浮かべますが、彼らだけにとどまりません。直接的な利害関係はなくても、自社の脱炭素の取り組みによって影響を受ける地域、NGO、メディアなども含まれてきます。各ステークホルダーからの「脱炭素」への関心が高まっています。

　「脱炭素」への取り組みを進めることで、企業を取り巻く8タイプのステークホルダー全てから様々なメリットを得ることができます。

具体的には、

① 顧客・消費者→顧客の増加、既存顧客のロイヤリティ向上による売上アップ

② 地域→地域との共生による地元住民や自治体からの支援

③ 投資家・株主・銀行→資金調達可能性の拡大、株価の向上、低金利での融資

④ ビジネスパートナー→取引機会（ビジネスチャンス）の増加

⑤ 従業員→優秀な人材の獲得、社員の定着化

⑥ NGO →第三者的評価の向上によるブランド力アップ

⑦ 政府・国際機関→補助金や助成金を含めた行政からのバックアップ

⑧ メディア→各種メディアでの好意的な紹介による認知度の向上

などです。ステークホルダー全員からこれだけのメリットを得られるのであれば、脱炭素化を進めていくには十分な理由となるでしょう。

　もう1つメリットとして付け加えておきたいのは、脱炭素がもつ新しいビジネス領域の可能性です。世界全体の脱炭素へのシフトチェンジは、莫大な投資を必要とします。その規模は、1年間で数十兆円。日本の1年間の税収が40兆円に匹敵する金額です。しかもこの投資は30年以上続くと試算されています。自社が脱炭素にいち早く取り組むことで、この新しいビジネス領域に参入することも可能なの

図2-7　ステークホルダーで高まる脱炭素化への機運
（出典　中部地方環境事務所ホームページ）

です。

　メリットがあるということは、もちろんデメリットも存在します。脱炭素のデメリットの大きなものとしては、やはりコストアップする可能性が高いということです。例えば、再エネ電力を買おうとすると、調達の方法にもよりますが、エネルギーコストが1割程度アップします。年間1,000万円のエネルギーコストがかかっている企業であれば、100万円の増加となります。再エネ電力を購入せずに自社で太陽光発電などを進める方法もありますが、初期投資や建築リスクなどがあります。コストアップを抑えるためには、省エネやエネルギー調達の見直しなども同時に行っていく必要があります。

　脱炭素を進めていくためには、メリットを明確化しつつデメリットについても把握しましょう。デメリットをできる限り減らす方法を模索しながら進めていく必要があります。

■ トップのコミットメントが大切

　脱炭素化に有効な取り組みは、省エネや創エネ、電源調達などエネルギーに関わるものが中心です。そのため、「脱炭素化→エネルギー問題→ちょっと難しい→だったら、総務部長、工場長、店長に任せよう」と考える経営者も多いでしょう。しかし、脱炭素化への対応は会社全体で考えるべき経営課題です。特に大きな成果につなげていくためにはトップを含めた経営層のコミットメントは必須です。

　その理由は2つあります

　1つ目は、脱炭素の取り組みは短期的な業績とのつながりを説明しにくい点が挙げられます。これまでも述べてきたように、脱炭素は長期戦です。脱炭素のための再エネ活用のエネルギーコストアップを、5年で消化していくようなイメージです。しかし、人は、どんなに優秀な人材であっても、評価がすぐ得られないものや、なかなか成果があらわれないタスクはどんどん後回しにする行動傾向があります。だからこそ、トップが取り組みの進捗を握り、長期的な視点で全社を巻き込み続ける必要があります。たとえ牛歩でも成果が見えるよう、数値化できる目標を検討・設定・計測し、定期的に社内外に発信することも大切です。定量化することでステークホルダーの賛同も得やすくなります。トップ自らが取り組みの重要性とその成果を発信し、「この取り組みは継続的に続けていきますよ」ということを消極的な社員にもしっかりと伝えていくことが求められます。

　2つ目の理由は、エネルギーをめぐる外部環境の激しい変化です。例えば、電力に関しては、この数年の間だけで、これまでになかった考え方が導入され始めています。「容量市場」「需給調整市場」「ベースロード電源市場」「非化石価値市場」な

ど新たな市場が設立、設立予定です。太陽光発電では、設置コストが下がってきたこともあり、自家消費（自分たちで発電をして自分たちで消費する形態）なども検討できるようになってきました。そのような中、初期費用を負担せずに太陽光発電を始められる PPA モデル（Power Purchase Agreement モデル）も少しずつ広まり始めています。

発電分野だけではありません。利用したエネルギーのデータを秒単位で計測できるディスアグリゲーションの技術を使って業務の効率化やビジネスへの活用を試みる動きもでてきています。最近は、BCP（事業継続計画）の視点から地震や台風のなどの自然災害時を想定してどのようなエネルギー調達手段を準備しておくべきかという議論も盛んです。

図2-8　持続的かつ関係者を巻き込んだ
トップのコミットメントのイメージ

このように、脱炭素については外部環境について最新の情報をキャッチし、複数の視点から検討、判断が必要な課題であるだけに、特定部門の担当者に任せるのはとても危険なのです。例えば、全社 IT 戦略を情報システム部門の担当者が独断で決めている会社はおそらくないでしょう。営業、経理、総務、購買、お客様センター、経営企画など多くの部門のニーズを吸い上げ、外部の専門家も巻き込み議論しながら経営陣が最終的に決めている企業がほとんどです。

持続的な取り組み、関係者の巻き込みが必要で、複雑化しているテーマについては、トップのコミットメントが大切です。

2-4　どうしたらいいの？ 企業の「脱炭素化」

■ 事例を学ぶことで自社にあった方法を見つけられる

ここからは、具体的に取り組みを実施している日本企業の事例、行政が用意している補助金などの支援体制についてご紹介していきます。まだまだ大手企業が中心ですが、様々な取り組みが始まっています。例えば、RE100[1] や SDGs[2]、ブロッ

クチェーン（60 ページ参照）な
どデジタル技術を活用した再エネ
価値の取引、太陽光発電の自家消
費や PPA（59 ページ参照）、自
己託送、エネルギー企業との提携
等です。

　注目していただきたい点として、
脱炭素への取り組みを自社のマー
ケティングでの活用、製品開発な
どに役立ててメリットを生み出し
ている企業の例があります。これ

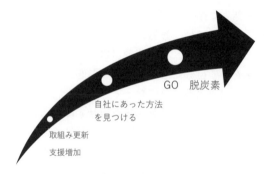

GO　脱炭素

自社にあった方法
を見つける

取組み更新

支援増加

図2-9　脱炭素の好循環な流れのイメージ

から自社を脱炭素へ巻き込んでいこうと考えている方は、脱炭素のコスト計算だけ
でなく、ぜひ脱炭素によって自社の利点を作る視点を持っていただきたいと思いま
す。

　脱炭素への取り組みは、毎月のように新しく実践できることが追加され、「更新」
されています。国や地方自治体のバックアップも多様化し、年々その支援策が増え
ています。選択肢が増えている今だからこそ、自社ならではの脱炭素の取り組みと
持続的成長の好循環を作り出しましょう。

■ 例えば、こんなやり方 ― 大手の企業事例 ―

　本章では、6 つの企業事例を紹介します。最初にご紹介するのは、株式会社リコー
とソニー株式会社です。両方とも日本を代表する一流企業であり、早くから非常に
積極的に脱炭素への取り組みを進めています。

企業事例①　株式会社リコー　https://www.ricoh.co.jp/

【取り組みの特徴】
　・日本初の RE100 加盟企業
　・SDGs を推進、成功や失敗ノウハウを他社にも公開

1）　RE100…企業が自らの事業の使用電力を100％再生可能エネルギー（水力、太陽光、風力、
　　地熱、バイオマス）で賄うことを目指す国際的なイニシアティブのこと。第1章15ページ参照。
2）　SDGs…2015年9月の国連サミットで全会一致で採択された持続可能な開発目標
　　（Sustainable Development Goals）のこと。17のゴール・169のターゲットから構成。第1
　　章19ページ参照。

　リコーは、90 年代から「環境経営」を掲げていました。早い段階から企業として環境への配慮を掲げていた同社にとって、パリ協定が採択された 2015 年の COP21（気候変動枠組条約第 21 回締約国会議）が転機となります。「脱炭素に取り組むことが、新たなビジネスモデルや新たなインフラの構築につながり、ビジネスチャンスである」というグローバルなトレンドを肌で感じ、脱炭素への取り組みを加速させます。株式会社リコー（以下、リコー）は、「RE100」に 2017 年 4 月に加盟しました。RE100 への加盟は、日本企業では初となります。

　【具体に数値化された目標設定】
　リコーは「脱炭素社会の実現」、「循環型社会の実現」を目指す 2030 年、2050 年での目標を設定しています。目標達成のために"温暖化防止"と"省資源"の分野に分けて具体的な数値目標を掲げています。
　2030 年目標は、2015 年の現状を基準として温室効果ガスを 63％削減、製品の省資源化率 50％を目指しています。2050 年の目標はバリューチェーン（企業における価値の流れ）全体の温室効果ガス排出ゼロを目指すこと、事業に必要な電力を 100％再エネに切り替えることを目指しています。加えて 2050 年には、製品の省資源化率 93％を目標に掲げています。最終的に目指す姿を設定し、その実現に向けた通過点として具体的な数値目標を設定していく「バックキャスティング方式」を採用している点など取り組みを進める方にとって見習うべきところが多くあります。

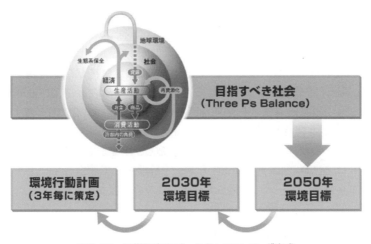

図2-10　目標設定のバックキャスティング方式

【SDGs を推進、成功や失敗ノウハウを他社にも公開】

　SDGs の取り組み項目は全部で 17 項目ありますが、リコーは自社が取り組む項目を 12 に絞り込んでいます。企業理念や事業戦略、環境経営の取り組みに紐づけて、達成に向けた様々な取り組みを進めています。その一環として、2019 年 6 月 1 日から 1 か月間、社員が SDGs の達成について考え行動する「リコーグローバル SDGs アクション」というイベントの実施はとてもユニークです。「SDGs アクション月間記念シンポジウム」を開催し、約 800 名の社員が参加しました。加えて、事業所での実証実験も進めています。再エネ電力 100％達成への先行実践拠点を御殿場工場と定め、太陽光やバイオマスによる発電を行い、省エネでは、センサーで消灯や快適な室温管理などをすることで快適さを損なわない形での省力化を進めています。

　同社は、自社で取り組んだ成功事例や失敗事例を実践ノウハウとしてお客様に提供しています。例えば、2019 年 3 月に完成した岐阜支社の新社屋では、徹底した省エネと太陽光発電や蓄電池を活用し「NearlyZEB」[3] の第三者認証を取得し、『まるごとショールーム』として広く公開しています。他には、高知支社では、会社用電気自動車（EV）のカーシェアリングの実証実験も行われています。

　数値的目標を設定した行動、社員や関係者を巻き込む姿勢、ノウハウを広く公開するなど、読者の皆様にとって参考にするべきところが多々あります。

企業事例②　ソニー株式会社　https://www.sony.co.jp/

【取り組みの特徴】
　・SBT や「RE100」などの国際的な取り組みに参加
　・国内初のメガワット級の自己託送システム

　ソニー株式会社（以下、ソニー）は 2010 年に環境負荷ゼロを目指す環境計画「Road to Zero」を掲げています。目標達成年として定めている 2050 年からバックキャスティングで 5 年ごとに中期目標を設定しています。2016 年度から 2020 年度までの環境中期目標「Green Management（グリーンマネジメント）2020」の重点項目の 1 つが再エネ導入の加速です。2020 年度までの 5 年間累計で、再エネの活用による CO_2 削減貢献量 30 万トンを目標として設定しています。具体的には、再エネ証書スキームの活用や太陽光パネルの設置などです。

---

　3)　NearlyZEB…ZEB は、「ネット・ゼロ・エネルギー・ビル」のこと。ZEB に限りなく近い建物として、正味で 75％以上省エネを達成したビルを指す。

例えば熊本県菊陽町の半導体製造拠点に太陽光パネルを設置。取り付けられた5,760 枚の太陽光パネルの出力は 1,065kW、発電量は年 124 万 kWh です。2019年 1 月に稼働以来、発電した電気はクリーンルームの空調の運転などの事業運営に使われています。災害などの非常時には近隣地域への電力供給という形での地域貢献も想定しています。

【SBT や RE100 に加盟】

国際的な取り組みとしては、2015 年には科学に基づいた気候変動に関する目標設定（SBT）[4] の認定を受け、2018 年には「RE100」に加盟しました。RE100 への加盟でソニーの全世界の自社オペレーションで使用する電力について 2030 年度に再エネ 30%、2040 年度までに 100% を目標に掲げています。

再エネの導入を加速するため、ソニーは主に 4 つの取り組みを推進しています。1 つ目はすでに事業所の電力を 100% 再エネ化した欧州に加え、北米や中国での再エネ導入を拡大することです。2 つ目はタイや日本などの製造事業所での太陽光パネルの設置を推進すること。3 つ目は複数の半導体の製造事業所を有しソニーグループで最も電力消費が多い日本において、「自己託送制度」を活用した事業拠点間での電力融通の仕組みを構築することです。太陽光パネルなどの再生可能エネルギー自家発電設備により作られた電力を電力会社が保有する電力網を介してソニーの事業所へ供給することを実現しています。4 つ目は日本において、経済的かつ安定的に充分な量の再エネが供給されるよう、RE100 加盟の他企業とともに再エネ市場や政府への働きかけを強化することです。

【国内初のメガワット級の自己託送システム】

3 つ目の「自己託送制度」について詳しく紹介します。電力における託送とは、送電網などを利用して電気を送ることを指し、通常は、送配電事業者が担います。自己託送とは、自分達（自社）で電力を送る業務を実施するということです。

例えば、ある地点（例：富山県）で発電した太陽光発電を他の地点（例：東京都）で利用するために自己託送する場合、毎日の太陽光発電の発電量の予測等が困難な点がネックとなっていました。そこでソニーは東京電力エナジーパートナー株式会社と日本ファシリティ・ソリューション株式会社の協力の元、両社が培ってきた高精度の発電量予測や需要予測の技術を活用したシステムを構築・初導入することで、発電・託送・需要量の同時同量の実現を目指していました。そして、2020 年 2 月

---

4) SBT…Science Based Targets。世界の平均気温の上昇を「2℃未満」に抑えるために、企業に求められている科学的な知見と裏付けられた削減目標。第1章15ページ参照。

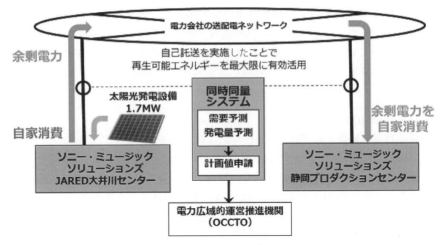

図2-11　再エネの発電・託送・需要量の同時同量が実現したシステム
（出典　ソニー株式会社／東京電力エナジーパートナー株式会社「ニュースリリース」）

から静岡県にあるソニー・ミュージックソリューションズ JARED 大井川センター
（同社の物流倉庫）にて、国内初のメガワット級の太陽光発電設備を活用した再エ
ネの自己託送が実現しました（ 口絵3 参照）。

　「日本初の試み」に挑戦し続けている点が、ソニーらしさと言えるでしょう。困
難を乗り越え新しいことに取り組む姿勢は、ソニーの事業や製品そのものに抱くイ
メージと重なり、とても応援したくなります。脱炭素への取り組みのスタイルをそ
のまま自社イメージに重ねることの重要性が伝わってくる事例です。

　次に製造業以外の事例を見てみましょう。1社は、日本最大の小売業のイオンで
す。イオンの電力消費量は、日本全体の約1％に相当します。もう1社は、住宅メー
カーの大手、大和ハウス工業です。

企業事例③　イオン株式会社　https://www.aeon.info/

【取り組みの特徴】
　・店舗や来店顧客を巻き込んだ取り組みを実施
　・PPA やブロックチェーンなどの先端技術を活用

　イオン株式会社（以下、イオン）は、2008 年に「イオン温暖化防止宣言」、
2012 年に「イオンの eco プロジェクト」を策定し、エネルギーと CO_2 排出量の

削減に取り組んでいます。2018 年 3 月に「イオン脱炭素ビジョン 2050」を発表、2050 年に向けて「脱炭素社会」の実現を目指します。「イオン脱炭素ビジョン 2050」は次の 3 つの視点で温室効果ガス（以下 CO_2 等）排出削減に取り組んでいます。

① 店舗で排出する CO_2 等を 2050 年までに総量でゼロにすること
② 事業の過程で発生する CO_2 等をゼロにする努力を続けること
③ すべてのお客さまとともに、脱炭素社会の実現に努めること

中間目標は 2030 年までに CO_2 等排出量を 2010 年と比べて 35％削減することを掲げています。

【店舗やお客様を巻き込んだ取り組みを実施】

同社は、2030 年目標達成に向けた手段として、省エネと再エネの調達を挙げています。省エネでは、各所の省エネ設備の導入、IoT（モノのインターネット化）による運用改善等（照明・空調・冷ケース等）により電力使用量を削減します。これにより CO_2 等排出量を年 1％以上の削減、14.8 億 kWh を削減する見込みです。

再エネ調達に関しては、店舗等への太陽光発電設備の導入を進めており、4 億 kWh を自家発電します。さらに 2018 年度より再エネ電力の契約をしていて、状況によっては、再エネ電力証書の活用も想定しています。この再エネ電力の契約と証書の活用によって 13.6 億 kWh の再エネを調達する見込みです。

脱炭素の取り組みのモデルとして 2019 年 9 月にオープンしたイオン藤井寺ショッピングセンターに、PPA モデルとして太陽光発電設備を屋上に設置しました。PPA モデルとは Power Purchase Agreement（電力購入契約）モデルの略です。電力の需要家が PPA 事業者に敷地や屋根などのスペースを提供し、PPA 事業者が太陽光発電システムなどの発電設備の無償設置と運用・保守を行います。イオン藤井寺ショッピングセンターの発電量としては一般家庭約 30 世帯の 1 年分相当の電力に該当します（口絵 4 参照）。

イオンは、2019 年 11 月に中国電力と協力して、固定価格買取制度による太陽光発電の買い取りが終了する家庭を対象に、「WAON プラン」を開始しました。「WAON プラン」とは、家庭の太陽光発電による余剰電力を買い取るときに 1kWh（キロワット時）あたり 1WAON ポイントが付与される中国電力が募集するサービスです。イオンではこの他、中部電力、四国電力とも同様の仕組みで連携しています。自社の調達エネルギーだけでなく、消費者に向けた啓発活動に取り組んでいる点が素晴らしいと思います。

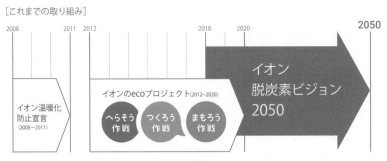

イオンは3つの視点で温室効果ガス（以下CO₂等）排出削減に取り組み、脱炭素社会の実現に貢献します。

店舗 　店舗で排出するCO₂等を2050年までに総量でゼロにします。

商品・物流 　事業の過程で発生するCO₂等をゼロにする努力を続けます。

お客さまとともに 　すべてのお客さまとともに、脱炭素社会の実現に努めます。

中間目標 　2030年までにCO₂ 排出量：35% 削減 （2010年比）

達成手段の考え方 　イオンのCO₂排出量の約9割が電力由来　▶　店舗使用電力の削減と再エネ転換　省エネ　再エネ

［これまでの取り組み］

2008　2011　2012　　　2018　2020　　2050

イオン温暖化防止宣言（2008～2011）

イオンのecoプロジェクト(2012～2020)　へらそう作戦　つくろう作戦　まもろう作戦

イオン脱炭素ビジョン2050

図2-12　イオン脱炭素ビジョン2050
（出典　イオン株式会社ホームページ）

【ブロックチェーンを活用した環境価値取引の実証実験を開始】

　イオンは、関西電力株式会社、株式会社エネゲートと協力し、ブロックチェーンを活用した環境価値取引の実証実験も行いました。ブロックチェーンとは、分散型台帳技術といわれる情報管理技術です。ブロックチェーンを活用して「発電所が発電・送電した電力なのか」、「屋根に設置された太陽光によって発電された電力なのか」を識別して、電気自動車への充電量を記録します。充電された電気自動車がイオンモールへ移動し、放電する際に環境価値をもっている太陽光発電由来の放電量だということを把握します。この仕組みを使って、電気と一緒に環境価値の遷移に関する実証を行いました。

　店舗や自社ポイント制度を活用して消費者を巻き込んでいく方法は、小売り事業者ならではの取り組みです。加えて、エネルギーの専門家である電力会社と協力し

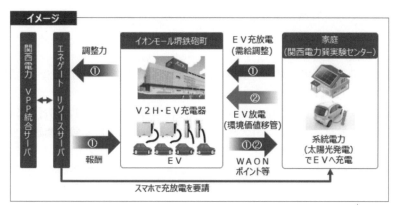

図2-13　ブロックチェーンを活用した環境価値取引の実証実験（イメージ）
（出典　イオン株式会社／関西電力株式会社「NEWS RELEASE」）

て、PPAやブロックチェーンなどの先端的な取り組みに挑戦する姿勢がイメージ
アップにもつながっています。

企業事例④　大和ハウス工業株式会社　https://www.daiwahouse.co.jp/

【取り組みの特徴】
・住宅・建設業界内において世界で初の「EP100」「RE100」両方に加盟
・街全体でエネルギーを自給する「ネット・ゼロ・エネルギー・タウン」を実施

　2018年3月、大和ハウス工業（以下、大和ハウス）は住宅・建設業界内におい
て世界で初めて「EP100」と「RE100」両方に加盟しました。RE100では、
2040年にグループ全体の使用電力を100%再エネで賄うことを目標に掲げ、脱炭
素化を推進しています。EP100[5]ではグループ全体の事業活動におけるエネルギー
効率を2015年比で2030年に1.5倍、2040年に2倍としています。
　同社は、創業100周年にあたる2055年までに環境負荷ゼロを目指す"Challenge
ZERO 2055"という環境長期ビジョンを発表しました。重点テーマのひとつに挙
げる「地球温暖化防止」分野では、徹底した省エネ対策の推進と再エネの活用で、
戸建住宅・建築物のライフサイクルCO_2排出量ゼロを目指しています。
　大和ハウスは住宅メーカーとして、省エネのノウハウ、CO_2排出抑制のノウハ

5）EP100…エネルギー効率の高い技術や取り組みの導入を通じて、事業のエネルギー効率
を倍増することを目標に掲げる企業連合を指す。

ウを蓄積してきた経緯があります。これらのリソースを活かして、HEMS（ヘムス）6)、太陽光発電設備、蓄電池等を標準搭載したスマートハウスブランドを戸建住宅の全商品に展開します。

　住宅だけではなく売上の約4割を占めるビル等の事業・商業施設では、環境配慮型の事務所「D's SMART OFFICE」等を展開しています。自社オフィスの一部を、そのショールームとして活用しています。2018年2月には、日本初となる再エネによる電力自給自足オフィス「大和ハウス佐賀ビル」の実証実験も開始しました。施策のひとつとして事業所ごとのCO_2削減率、エコカーの導入率等を業績として評価し、賞与の査定に組み入れています。現場で仕事をする社員の意識が高まり、削減のスピードアップにつながっています。脱炭素の取り組みを社員の評価にまで組み込む企業はまだ少ない中、注目するべき取り組みです。

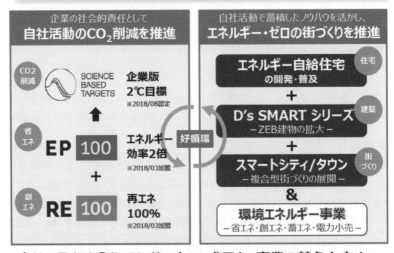

図2-14　事業を通じて脱炭素化の実現

（出典　近畿経済産業局ホームページ：講演資料
「"脱炭素社会"に向けた取り組み（大和ハウス工業株式会社）」より）

---

6)　HEMS（ヘムス）…Home Energy Management System（ホーム エネルギー マネジメント システム）。住宅のエネルギーを節約するための管理システムのこと。

【街全体でエネルギーを自給する試みに挑戦】

大和ハウスはさらに、大阪府堺市や三重県桑名市、愛知県豊田市で、街全体でエネルギーを自給する「ネット・ゼロ・エネルギー・タウン」を開発しました。「商業施設やマンションも加わった、街全体で出力を融通し合う仕組みをつくることで、住民に負担をかけることなく効率的な省エネが推進できます。

【数々の賞を受賞】

フジサンケイグループが主催する「第28回地球環境大賞」では「エネルギー自立建築への取り組み」が評価され、「日本経済団体連合会会長賞」を受賞しました。大和ハウスの「地球環境大賞」における受賞は、「大賞」（2009年）ならびに「フジサンケイグループ賞」（2014年）、「国土交通大臣賞」（2017年）受賞に続き、4度目となります。取り組みをPRすることで、対外的評価にもつなげている点など参考になる点が沢山あります。

■ 中小企業や地方の会社の奮闘

これまでご紹介した4社は、ほとんどの読者の方がご存知の大企業でした。では、従業員が50人前後の中小企業や地方の会社が取り組むのは難しいのでしょうか？そんなことはありません。次に早くから実施していて、多くの成果を上げている会社を2社ご紹介します。1社目は、株式会社大川印刷。2社目は、エコワークス株式会社です。

企業事例⑤　株式会社大川印刷　https://www.ohkawa-inc.co.jp/

【取り組みの特徴】
- ・自社と「ゆかり」のある地域でのカーボンオフセットを実施
- ・自社サービスを利用した法人顧客にもメリットのあるビジネスモデルづくり

株式会社大川印刷は、神奈川県にある資本金2,000万円、従業員約40名の印刷会社です。創業は1881年、明治時代に遡ります。同社は、社会的課題を解決できる「ソーシャルプリンティングカンパニー」として、持続可能な社会の実現をめざして活動を続けています。

低炭素化社会構築と地域の環境活動支援を目指した取り組みとして、自社の印刷事業で排出される年間の温室効果ガス（CO_2）を算定し、その全量をカーボンオフセットした「ゼロカーボンプリント」を実施しています。大川印刷のCO_2排出量は、年間約175トン。そのカーボンオフセットは、同社と「ゆかり」のある地域の森

CO₂排出量 100%カーボン・オフセットの仕組み

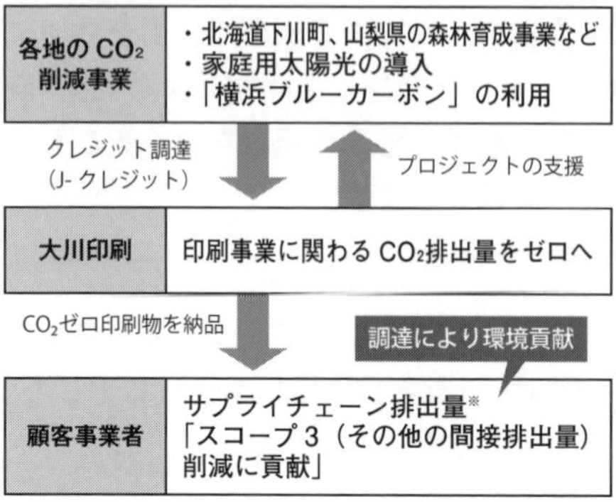

| 各地のCO₂削減事業 | ・北海道下川町、山梨県の森林育成事業など
・家庭用太陽光の導入
・「横浜ブルーカーボン」の利用 |

クレジット調達
（J-クレジット）　　　　　　プロジェクトの支援

| 大川印刷 | 印刷事業に関わる CO₂排出量をゼロへ |

CO₂ゼロ印刷物を納品　　　調達により環境貢献

| 顧客事業者 | サプライチェーン排出量※
「スコープ3（その他の間接排出量）
削減に貢献」 |

オフセット（相殺・打ち消し）事業投資事業内訳

年　度	2016 年	2017 年 （予定）	2018 年 （予定）
住宅太陽光パネル設備の導入における発電事業	165t	159t	169t
北海道下川町五味温泉等の森林バイオマス活動事業	5t	5t	5t
山梨県県有林活動温暖化対策プロジェクト	5t	5t	5t
横浜ブルーカーボンプロジェクト		1t	1t

※ 「サプライチェーン排出量」とは、原料調達・製造・物流・販売・廃棄まで一連の流れから発生する排出量を指します。

図2-15　ゼロカーボンプリントの仕組み
（出典　株式会社 大川印刷ホームページ資料を一部改変）

林育成と温室効果ガスの吸収で実施しています。具体的には、森林育成事業クレジットとして北海道下川町の森林育成事業により創出されたクレジットと、山梨県の森林で創出されたクレジット（共に J-VER 制度[7]）。加えて、全国の一般家庭の太陽光パネル導入による CO₂ 削減クレジット（J-クレジット）を使用しています。

「ゼロカーボンプリント」は、大川印刷に印刷を依頼する顧客側にもメリットになるサービスです。具体的なメリットとして、次の3つを提案しています。

　　メリット1　CO₂ 削減実績につながる。
　　メリット2　印刷物へ「ゼロカーボンプリント」を表示し、環境・CSR・SDGs 等
　　　　　　　自社の社会的価値向上につなげられる。
　　メリット3　気候変動に対する具体的対策の一つとして SDGs に貢献できる。

　脱炭素への取り組みを自社のビジネスチャンスに活用している素晴らしい事例だと思います。

【多様な取り組みと受賞歴】
　大川印刷が使用する用紙は、大気汚染や化学物質過敏症の原因となる揮発性有機化合物を含まない、ノン VOC インキ（石油系有機溶剤 0%）です。加えて、環境

7）　J-VER制度…国内排出削減・吸収プロジェクトにより実現された温室効果ガス排出削減・吸収量をオフセット・クレジット（J-VER）として認証する制度（「J-クレジット制度」ホームページ　https://japancredit.go.jp/about/）

負荷の少ない電気自動車等を使用して納品も行っています。

　2018年7月には、JCLP賛助会員に加盟。2019年4月には初期投資0円太陽光パネル設置事業を実施。大川印刷の本社工場の20％の電力を自社で設置した太陽光発電から、残り80％は再エネを用いて発電した電力を購入します。これによって再エネ100％を達成しています。こうした取り組みが評価され、グリーン購入大賞の複数回受賞や第2回ジャパンSDGsアワード「パートナーシップ賞」、低炭素杯2019「審査委員特別賞」など数々の賞を受賞し、評価されています。

　同社の顧客も巻き込んだサービスづくりは、参考になります。大川印刷の企業サイトでは、各種の取り組みがブログにて紹介さされています。会社の姿勢がとても伝わってくるので、本業にも好影響があると思います。

企業事例⑥　エコワークス株式会社　https://www.eco-works.jp/

【取り組みの特徴】
　・工務店業界の中でいち早くSDGsを宣言
　・全国初となる省エネ分野3冠達成
　・業界初となるSDGs体験型インターンシップを実施

　エコワークス株式会社は、福岡県にある住宅メーカーです。主にエコ住宅の新築・性能向上リノベーションを行っています。資本金は、3,000万円、従業員数は約82名です。

　日本は2020年の標準的な新築戸建て住宅をZEH化することを目指しています。ZEHとは、「ネット・ゼロ・エネルギー・ハウス」の略です。ZEH化は、外皮の断熱性能等を大幅に向上させるとともに、高効率な設備システムの導入により、室内環境の質を維持しつつ大幅な省エネルギーを実現したうえで、再エネを導入することにより、年間の一次エネルギー消費量の収支をゼロとすることを目指した住宅のことです。

　エコワークスは業界の中でいち早くSDGsへの取り組みを宣言しました。（https://www.eco-works.jp/companyinfo/sdgs/）エコワークスの2018年度のZEH率は94％で年間50戸以上を建築するビルダーとして日本トップクラスの実績を持ち、国の2020年度の目標である平均ZEH化をいち早く達成しています。

　【その先を見据えた取り組み】
　エコワークスはさらにその先の「LCCM（Life Cycle Carbon Minus）住宅」の

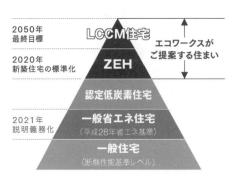

■低炭素化に向けた住宅性能イメージ

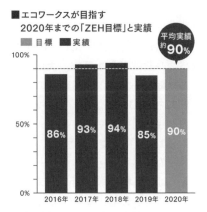

■エコワークスが目指す
2020年までの「ZEH目標」と実績

図2-16　低炭素化に向けた住宅性能イメージ（左）とZEH目標・実績
（出典　エコワークス株式会社ホームページ）

普及を目指しています。LCCM 住宅は建築時から廃棄時まで CO_2 の総排出量をゼロ以下にする住宅を指します。

　エコワークスは LCCM 住宅の最高レベルの 5 つ星を 2012 年 3 月に全国で最初に取得しました。また、2016 年 4 月に建築物エネルギー性能表示制度（BELS）の開始に伴い、いち早く BELS の全棟取得を開始。創エネを除く BEI（省エネ率）は平均の 3 割を超え、断熱と設備による徹底的な省エネ性を実現しています（口絵 5 参照）。

　ZEH ビルダー評価制度、LCCM 住宅認定、BELS ともに最高レベルを取得し、省エネ分野において 3 冠を達成しています。また、様々な取り組みが高く評価され、2018 年に LIXIL MEMBERS CONTEST 2017 省エネ部門「エコロジー賞」、第 4 回「日本エコハウス大賞」リノベーション部門など数々の賞を受賞しています。2019 年には業界初となる住宅と SDGs をテーマにした広告制作を体験できる「SDGs 体験型インターンシップ」を実施。学生にも新しい環境価値を提供することを目指しています。

　業界の中でも率先して進めていく姿勢は、多くの評価につながっていると思います。インターンシップなどでの学生への場の提供なども素晴らしい取り組みです。人材採用の面から考えると環境意識の高い学生の囲い込みにもつながると思います。

2-5　「脱炭素化」への支援策

　次に国からの支援として、経済産業省、環境省の活動を確認しましょう。経済産業省、環境省の方針や支援内容をご紹介します。加えて、地方自治体の事例として積極的に取り組みを行っている県の1つである長野県をご紹介します。

■ 国や地方自治体の取り組み

行政事例①　イノベーションを推進する"経済産業省"

　経済産業省は、「パリ協定に基づく成長戦略としての長期戦略」を受け、様々な分野で脱炭素社会の実現を後押ししています。特に重点的に取り組むべきイノベーションを定め、具体的なコスト目標・実現に必要な政策を検討しています。
　「次世代技術を活用した新たな電力プラットフォームの在り方研究会」や電動車

表2-1　経済産業省が推進する脱炭素化に向けた具体的指針

**総合資源エネルギー調査会　電力・ガス事業分科会
脱炭素化に向けたレジリエンス小委員会　中間整理概要**

電力ネットワークの構造的変化	主な整理概要と今後の検討事項	
①再エネ主力電源化 ⇒既存系統の利用に加え、系統増強も必要 ⇒地域偏在性の高まり	①ネットワーク形成の在り方の改革	『プッシュ型系統形成への転換』：再エネポテンシャルも踏まえ計画的・能動的な系統形成、マスタープラン検討、費用対効果分析等に基づく合理的な増強 『北本連系線の更なる増強』：+30万kW増強に向けた詳細検討 『需要側コネクト＆マネージ』：EV（電気自動車）など需要側リソース（蓄電池の充放電等）を有効活用し、系統形成・運用を効率化
②レジリエンス強化 ⇒送電広域化+地産地消モデル ⇒災害からの早期復旧	②費用の抑制と公平な負担	『負担の平準化』：地域間連系線の増強費用を原則全国負担（再エネ由来分はFIT賦課方式を検討） 『国民負担の抑制』：卸電力取引の市場間値差収入の系統形成への活用
③設備の老朽化 ⇒更新投資の必要性	③託送料金制度改革	『コスト抑制』：インセンティブ規制の導入検討（レベニューキャップ等）、効率化効果の「消費者還元」と「将来投資の原資」でのシェア 『投資環境整備』：再エネ対応等、ネットワークの高度化に向けて事業者にとって不可避な投資・費用の別枠化
④デジタル化の進展 ⇒配電：AI・IoT等を活用した分散リソースの制御 ⇒電気の流れが双方向化	④次世代型への転換	『送電の広域化』：需給調整市場の創設をはじめとした送電運用の広域化の促進、仕様の統一化・共通化の推進等 『配電の分散化』：配電側新ビジネスに対応したライセンスの検討、電気計量制度の見直し（規制を一部合理化）や電力データの活用による多様なビジネスモデルの創出
⑤人口減少等により需要見通しが不透明化 ⇒投資の予見可能性低下 ＋ 電力システム改革 （発送電分離）	⑤レジリエンス・災害対応強化	『対策費用確保』：災害復旧費用などの公平な確保の仕組みの検討 『役割分担』：災害時の事業者や需要家の役割分担を整理

（出典　経済産業省ホームページ）

の普及とその社会的活用を促進するため、官民・企業間の協業を促す「電動車活用社会推進協議会」を立ち上げるといった産業・運輸分野での取り組みに力を入れています。

革新的な技術開発が特に重要視されているのが、エネルギー転換、運輸、産業、業務・家庭・その他、非エネルギーの5つの分野です。産業分野では人工光合成等によるCO_2化学品原料化技術、非エネルギー分野ではスマート農林水産業の実現など。エネルギー転換では再エネやメタネーション（水素とCO_2からメタンを合成する技術）などがあります。中でも電力ネットワークは改革の余地が大いにあり、次世代定置用蓄電池の開発・実装や託送料金制度改革などが進められています。

【エネルギー分野での取り組み】

経済産業省は、再生可能エネルギー、蓄電池、水素、原子力、火力の CCS・CCU（CO_2を回収し、貯留または利用する技術）など、様々な視点で実現を目指していくことが重要としています。

再エネ主力電源化・分散型エネルギーシステムの確立にも力を入れています。例えば、立地制約（ビル壁面等）を克服する超軽量太陽電池や系統制約を解決する高効率な蓄電池等の開発、洋上風力発電や地熱発電の事業化を支援（597億円予定）も行います。脱炭素化に向けた工場の電化等の省エネ設備導入、真の地産地消にも資する地域分散型電力系統網の構築を支援（616億円予定）などもあります。原子力の安全性・信頼性・機動性の向上として、原子力立地地域の着実な支援（立地地域の実情に応じた再エネ導入等による地域振興策を拡充）（1,210億円）も行います。

この他にも経済産業省は、福島復興の加速化（全体1,141億円）として、東京オリンピックパラリンピックで活用を目指した世界最大級の再エネ由来水素製造施設の本格実証運転開始（146億円）の支援などをしています。エネルギー安全保障・レジリエンスの強化（全体2,877億円）として、日本周辺海域におけるメタンハイドレート（天然ガスの主成分）の商業化に向けた技術開発や、石油・天然ガスの資源量調査・試錐支援等の国産資源開発の推進（263億円）も行われます。

【産業、運輸、地域・くらしの各分野】

産業分野では、CO_2フリー水素を大規模に活用し排出を削減、CCU／カーボンリサイクル／バイオマスによる原料転換、エネルギー消費が大きい生産プロセスの省エネ、中長期的なフロン類の廃絶などを中心に進めていくとしています。

運輸分野では、"Well-to-Wheel"（自動車の総合的なエネルギー効率を示す指標）

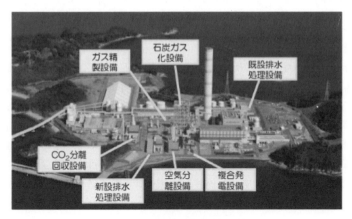

図2-17 IGFC実証事業（広島県）
（出典 経済産業省ホームページ）

図2-18 カーボンリサイクル技術の例（液体燃料）
（出典 経済産業省ホームページ）

で企業平均燃費の向上、次世代電動化関連技術の早期実用化及び生産性向上、ビッグデータ（大容量のデジタルデータ）・IoT 等を活用した道路・交通システム実現などを推進していきます。

地域・くらしの分野では、カーボンニュートラル（環境中で、二酸化炭素の排出

量と吸収量が同じ）なくらしへの転換・地域づくり、福島の復興と脱炭素社会の拠点構築などが重要であると定めています。

【各種補助金】

2020年度の経済産業省の補助金は、去年の15％増しで1兆4,292億円の予定となっています。そのうち資源・エネルギー関連の予算は去年より7％増え、8,362億円となっています（概算要求）。具体的には、次世代自動車の普及促進のため、燃料電池車や電気自動車等の支援台数を拡大など、水素社会実現に向けた取り組みの強化に807億円をあてる予定です。経済産業省は石炭ガス化燃料電池複合火力発電（IGFC）の高効率化と回収したCO_2のバイオ燃料化等の実証開始のため、225億円を予算としています。カーボンリサイクルのイノベーションの加速を図っています。

行政事例② 地域循環を推進する "環境省"

環境省は、長期大幅削減に向けた基本的考え方として、3つのポイントを掲げています。

① 脱炭素化という確かな方向性と多様な強みでビジネスチャンスを獲得
② 民間活力を最大限に活かす施策によりイノベーションを創出
③ 施策を「今」から講じ2040年頃までに大幅削減の基礎を確立

基本的な考え方を踏まえ、脱炭素化をけん引する未来への発展戦略として、長期戦略を策定しています。

環境省では、ESG検討会（環境、社会、ガバナンス）の開催などのグリーンファイナンス（環境に良い効果を与える投資への資金提供）の促進や地域循環共生圏で社会構築を目指していくなどの地域・くらし分野への取り組みに力を入れています。

地域での循環を促進するべく、脱炭素イノベーションによる地域循環共生圏構築事業の支援も行っています。地域エネルギーや地域交通分野での経費、太陽光発電や蓄電池、電気自動車の活用、セルロースナノファイバー[8] やIoTといった先端技術導入検討費など様々です。

中小企業へのサポートにも力を入れています。脱炭素化のはじめのステップとし

---

8) セルロースナノファイバー…植物（木）由来の素材で鋼鉄の5分の1の軽さで5倍の強度等の特性を有する繊維。

て、環境対策の価値を知ることができる、CO_2 削減ポテンシャル診断事業を行っています。あらゆる企業ごとに、CO_2 削減対策の提案を受けることができ、効果がどれぐらいあるのか知ることができます。他にも中小企業の中長期の削減・再エネ導入の目標設定支援を行っています。

　環境省は脱炭素経営のネットワークづくりも行っています。SBT 設定を目指す企業や目標設定済みの企業から成り立っていて、ソリューションに関する情報提供を行っています。2019 年 2 月の時点で 57 社が参加しています。気候変動リスク・チャンスを織り込む経営の支援も、環境省は行っています。気候関連財務情報開示タスクフォース（TCFD）提言書に沿ったシナリオプランニングを実施しようとする企業に対して、個社別支援を実施しています。中小規模事業者や、自治体、教育機関、医療機関など様々な団体が、再エネ 100％への意思と行動を示し、共に再エネ普及を目指す、「再エネ 100 宣言 RE Action」が 2019 年 10 月に発足されま

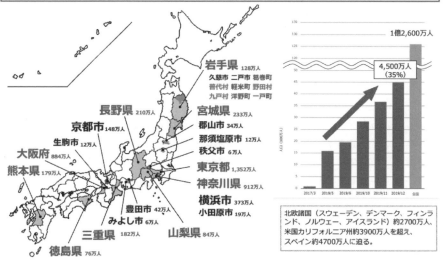

図2-19　2050年CO_2排出実質ゼロ表明の自治体
（出典　環境省ホームページ内「表明した地方公共団体の一覧」）

した。環境省は活動の応援者としてのアンバサダーで参加しています。脱炭素化を支援する組織として積極的に活動しています。

【ゼロカーボンシティ】

環境省は、地方公共団体における 2050 年二酸化炭素排出実質ゼロ表明の取り組みを行っています。排出実質ゼロとは、CO_2 などの温室効果ガスの人為的な発生源による排出量と、森林等の吸収源による除去量との間の均衡を達成することです。市が脱炭素に取り組む「ゼロカーボンシティ」宣言を行うと、小泉環境大臣が宣言をした自治体を SNS などで取り上げるなどお知らせしています。

2019 年 12 月 10 日の時点では、東京都・京都市・横浜市を始めとする 28 の自治体（10 都府県、11 市、4 町、3 村）が「2050 年までに二酸化炭素排出実質ゼロにすると」表明しています。初めに表明したのは山梨県で、2009 年 3 月です。山梨県地球温暖化対策実行計画の中で、長期ビジョンとして概ね 2050 年に「CO_2ゼロやまなし」を実現と明記されていました。

ゼロカーボンシティ宣言をした自治体で、例えば徳島県では全国初の「脱炭素条例」を策定し、国を上回る温室効果ガス削減目標を掲げています。福島県郡山市は家庭やオフィスの CO_2 排出量削減を中心に行い、地域新電力の設立や、燃料電池車と水素ステーションの普及などを進める予定です（口絵 6 参照）。

行政事例③　エコへの取り組みが盛んな "長野県"

2008 年に発表された「エコへの取り組みが盛んな都道府県」の 1 位は長野県でした。節水の徹底、エコバックの持参、省エネ製品への買い替えなどが進んでいる県として評価されています。

長野県は全国で 4 番目に広い県であり、県の 8 割が森林や多様生物の生息場所となっているため、他県にくらべて環境保全を意識した施策が手厚いのが特徴です。長野県では 1996 年から「長野県環境基本条例」に基づいて、環境保全に関する施策を推進。2018 年から、SDGs（持続可能な開発目標）を踏まえた「第四次長野県環境基本計画」（2018 ～ 2022 年度）を策定しました。

長野県の 2015 年度の温室効果ガス総排出量は 1,530 万 1,000t-CO_2 で、全体的に減少傾向です。エネルギー自給率は固定価格買取制度（FIT）の導入等によって、太陽光発電を中心として再エネの導入が拡大しています。

【長野県環境エネルギー戦略】

2013 年度から 2020 年度までの計画として定めた「長野県環境エネルギー戦略」

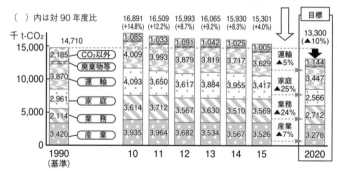

図2-20　長野県内の温室効果ガス総排出量
(出典　長野県ホームページ)

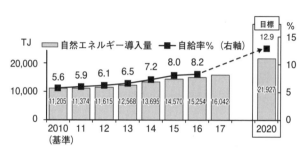

図2-21　自然エネルギー導入量とエネルギー消費量でみるエネルギー自給率
(出典　長野県ホームページ)

では、意欲的な中小規模事業者が「事業活動温暖化対策計画書制度」へ任意参加でき、県による助言・評価・表彰などを受けられるようにしています。

　既存の水力発電所において、固定価格買取制度による売電を行い、得られた利益の一部を活用して、再エネ施策の支援を実施。エネルギー事業に係る技術的、経営的なノウハウを提供し、地域の再エネ事業の支援を行う「地域環境エネルギーオフィス」の創出を促進しています。

　さらに、固定価格買取制度の対象とならないエネルギーの熱利用・熱供給の地域主導による事業化における初期投資を支援するとともに、新築・既存建築物へのグリーン熱設備の導入に係る初期投資費用の軽減も行っています。グリーン熱とは太陽熱・バイオマス熱・地中熱・温泉熱・雪氷熱など、再エネによって生成された熱のことです。

長野県環境エネルギー戦略は家庭向けや循環型社会の形成といったいくつかの項目にわかれており、他にも様々な計画があります。計画は内容を決めるだけでなく目標や成果も設定され、中間の見直しを行い、課題なども検討されています。

　2018～2022年度の計画として策定された第四次長野県環境基本計画では、「長野県森林づくり県民税」により、地域住民等が主体的に参画する里山整備を進めるとともに、薪をはじめとする里山資源の利活用、森林を活用した教育活動など多様な地域活動を推進しています。長野県森林づくり県民税とは森林の多面的な機能を持続的に発揮させ、健全な姿で次の世代に引き継いでいくために、2008年4月1日から県が導入した独自課税制度です。

　再エネ普及に向けた地域主導の基盤を整えるため、産学官民で構成する「自然エネルギー信州ネット」と連携し、再エネの情報を広く県民で共有します。自然エネルギー信州ネットとは2011年7月末に設立された産学官民連携・協働で自然エネルギーの普及に取り組む全県ネットワーク組織で、362の個人・団体の会員が2019年12月時点でいました。

　太陽光発電の普及に向けては、建築物の屋根での太陽光発電のポテンシャルを公表して、電気自動車との組合せなど多分野と連携することで、所有者や屋根借り事業者による発電を促進するほか、県有施設の屋根を活用した発電事業を率先して進めます。他にも様々な計画が立てられ、進捗管理や計画の見直しといった体制がと

図2-22　長野県内初の水素ステーション
（出典　長野県ホームページ）

られています。

そうした取り組みの中で、最近では 2019 年 4 月に県内初の水素ステーションを長野県企業局が開設しました。川中島庁舎にあり、燃料電池車を使ったモデル事業を行っています。この水素ステーションは県企業局の水力発電所の電力と、地下水を使用して再生可能エネルギー由来の水素を作ります。水素を約 3 分で満タンにでき、約 810km 走ることができます（口絵 6 参照）。このモデル事業を通じて燃料電池車を普及し、また、燃料電池車での水素ガス利用の他、蓄電技術への応用などの実証にも取り組むこととし、脱炭素社会を目指しています。

2019 年 6 月には株式会社リコーとリコージャパン株式会社、長野県木曽町が地域資源の利活用促進に係る連携協定を締結しました。三者は「地域資源循環型コミュニティーフォレストリー推進事業」という木曽町が取り組む脱炭素社会の実現に向けて推進しています。

2019 年 12 月には、長野県知事が「気候非常事態」を宣言し、県民一丸となって 2050 年に二酸化炭素排出量を実質ゼロにすることを決意しています。この決意は日本初となります。

2-6 脱炭素化 ― 永続的な繁栄へのアクション ―

■ 未来のステークホルダーは誰？ ―「ミレニアムズ」「GenZ」―

脱炭素に取り組む 6 つの企業事例、政府や自治体の推進状況について見てきました。日本を代表する大企業だけでなく、従業員が 100 名以下の企業、地方の企業でも「脱炭素」のトレンドを味方につけて成果につなげています。政府や自治体も脱炭素に取り組む企業に対してバックアップを充実させることに積極的です。

事例から気がつくことの 1 つは、各社 2030 年、2050 年といった長期的なビジョンを示している点です。今年や来年で終わりではなく、少なくとも 10 年、20 年と腰を据えて脱炭素へ取り組みを進めていくという志が伝わってきます。企業や組織が脱炭素に取り組むということは、「これから先も今以上に繁栄していたい」という気持ちの表明でもあるのです。

20 年後、30 年後も繁栄し続けるということは、20 年後、30 年後のステークホルダーに支持されているということ。脱炭素は、現在と未来の両方のステークホルダーを意識しなければなりません。

20 年後、30 年後の「未来のステークホルダー」とは、現在の 10 代、20 代の若者たちです。マーケティング用語では、彼らのことを「ミレニアムズ」や「GenZ」

と名付けて、その特徴を様々に定義しています。ご存じの読者の方もいらっしゃると思いますが、ご紹介すると「ミレニアムズ」とはミレニアル世代のことで、「GenZ」とはジェネレーションZ（Z世代）のことです。ミレニアムズは1990年代に生まれた社会人の若手世代を指し、「GenZ」は、2000年以降に生まれた学生世代を指します。2030年代は彼らが社会の主役となり、オピニオンリーダーになっています。彼らの支持無くては、企業の繁栄はのぞめないでしょう。

彼らの考え方は、育ってきた時代背景に大きく影響を受けています。ミレニアムズより前の世代との大きな違いとして、幼いころからスマートフォンやタブレットなどのデジタル機器を使いこなし、慣れ親しんでいるという点が挙げられます。

■ 情報開示は当たり前、存在意義も問われる時代

彼らは生まれてから常にインターネット環境にあり、スマートフォンやタブレットから流れる大量の情報を浴びて育ちました。必要に応じてほしい情報を自由に集めて育ってきた世代です。その理由から「ミレニアムズ」や「GenZ」は、情報公開に積極的でない企業や組織に対して非常にネガティブな印象を持ちます。「企業や組織は情報を公開していて当たり前。自由に手に入れられて当然。」と考えています。

情報を隠すこと自体も難しくなる一方です。2000年頃までは、企業の過去の情報を確かめようとした場合、図書館に保存されている新聞や雑誌を漁る必要がありました。今は、インターネットやソーシャルメディアを活用することで、企業のこれまでの活動や経営者の考え方まで、半日もあればそれなりに集められます。このような時代には、企業や組織は、その場しのぎの「発言」で逃げ切ることはできませんし、都合の悪い情報のもみ消しは難しいのです。例えるなら、壁がすべて透明なガラス張りの家に住んでいる住人です。外から全てが見えていることを前提に生活（企業運営）をしなくてはいけません。

必要な情報を「簡単に」「好きなだけ」「すぐに」集めることができる環境で育った世代は、企業や組織にこれまで以上に情報公開を求めると共に「存在意義」を確認します。例えば、職場選びや商品購入の際に「何を目的として事業を行っている会社か」ということへの関心が高く、自分が共感できる企業であるかどうかという判断基準を持っています。もちろん、企業規模や業績を重視しないわけではないですが、同時に「なぜ、あなたの会社は存在しているのですか？ 何をしようとしているのですか？ それは、私や世界の人たちにとって良いことですか？」と質問します。このような問いに「企業の目的は、利益をあげること。利益を沢山あげられる事業を行っています」という漠然とした回答だけでは共感は得られません。

　未来のステークホルダーに考え方や行動、存在理由も含めてすべて確認され、評価される時代ですから、企業も価値基準をもって、未来の社会に向けて「どのような貢献をしているのか」をはっきりと説明できることが求められます。脱炭素についても同様で、脱炭素に対する会社の考え方や行動指針を明示し、実行の進捗を明らかにしておくことが有効です。取り組みは早くから始めて損はないでしょう。むしろ、IT化の時と同じように遅れれば遅れるほどリカバリーが難しくコストがかさみます。

■ 顧客とはパートナーであるという考え方

　未来のステークホルダーからの問いに真摯に答え、共感を得ていくには、どのような心構えが大切でしょうか？ 企業にとって顧客とは商品やサービスを購入してくれる人、いわゆる消費者という考え方が一般的でした。この顧客に対する考え方を、もしかしたら180度転換しなくてはいけないかもしれません。これからは「一緒に世界を良くしていくパートナー」として考える必要があります。企業や組織が専門家＝プロであり、素人の顧客にサービスや商品を提供するという上下関係性から、互いに高めあう対等なパートナーという水平な関係性へと変わっていくのです。

　よって脱炭素の取り組みも、顧客を「地球全体を良い方向に向けていくパートナー」として考えると長く良い付き合いが可能になります。だからこそ、情報をできるだけ公開し、可能な限り伝えることで、自社を理解してもらい、応援してもらう必要があります。

　最初に伝えることは、大胆な夢です。自分たちの会社が存在する意味、活動する意味を未来の社会とシンクロさせて伝えていく。その中には脱炭素への取り組みももちろん含まれます。気候変動は世界規模での問題であり、1社で解決できるものではありませんが、「こうありたいよね。こういう未来がいいよね。だから私たちはこうしていきます」というイメージを共有するとよいでしょう。事例で挙げた企業のように、明日からの行動について具体的な数値目標を含めて伝えるとより効果的でしょう。自社が示した大胆な夢から導かれる未来のイメージから逆算して3年、5年、10年の具体的な行動計画を共有します。

　もう1つ重要なのは「オリジナルなストーリー」です。ご紹介した6社の取り組みにも、その企業ならではの個性やこれまでの歴史、こだわりが色濃く反映されていました。「オリジナルなストーリー」と言うと少し難しく感じるかもしれませんが、自社の歩みを振り返ることで、これまでたどってきた道の中に独自のストーリーの素材があるはずです。自分達だからこそのストーリーを創り、心から伝えて

いくことが大切です。

■ 日本だからできること

　日本はこれまで、豊かで多様な自然との共存が基底にありました。自然の恵みの恩恵を受け、時にはその脅威にさらされながら、長い歴史を積み重ねてきました。自然をコントロールすることで生活を豊かにしてきたというよりは、自然と対話しながら共生してきた文化ではないでしょうか。恵まれた自然環境にあるからこそ、地球規模の環境課題に危機感がもちにくいのかもしれません。脱炭素への取り組みはEU（欧州連合）の国々が先進的であり、日本は世界で最も後進であるという評価をよく耳にします。

　それでも日本には、リチウムイオン電池でノーベル賞を取るなどの高い技術力があります。CO_2削減を前向きにとらえることで新たなイノベーションを起こせるのではないでしょうか。昨今の海外からの批判に対しても「自然と共生する文化もあり、技術力もある日本にもっと頑張ってほしい」というエールであると大きな気持ちで受け止め、日本ならではの脱炭素へのアプローチを生み出せると思います。加えて、日本には日本の事情があります。台風などの自然災害が多く、その際にどのようなバックアップを準備しておくかなどは非常に大切です。レジリエンス対策との関係性を考えながらすすめていくことが大切です。

　ここまで脱炭素について話を進めてきました。読者の中には、脱炭素はとっつきにくく、コストアップにつながり、義務的なイメージが強いという方も多いと思います。しかし、視点を変えれば、脱炭素は、トレンドでありビジネスチャンスです。永続的に繁栄する企業になるために大切な取り組みであると思っていただけたら幸いです。

「脱炭素化」ビジネス
― カリフォルニアとハワイの場合 ―

第3章

3-1　米国のエネルギー政策と脱炭素化の流れ

■ 脱炭素化はとまらない

筆者は米国カリフォルニア州シリコンバレーに長年住み、エネルギーに関連する連邦政府や州政府の政策の変転、脱炭素化の流れ、技術開発の成功と失敗、エネルギービジネスの変遷、カリフォルニア電力危機をつぶさに見てきました。

そして、いくつものクリーンエネルギープロジェクトに参画し、電力会社・開発業者・スタートアップ・顧客の多くと議論を重ね、苦労を共にし、現場で何が起こっているのか、ビジネス上のメリット・デメリットは何かを共有してきました。

これらを通じて感じたのは、社会システムの変換期に発生するスクラップ アンド ビルドの中には、二重投資の問題や消え無ければいけない産業も常に発生していること、ビジネスの現場では採算性と継続性が終始問われていること、新規の技術開発が難しいこと、トップダウンとボトムアップの協調が大事なこと等、つい忘れがちですが考えれば当たり前のことばかりでした。

エネルギーは日々の生活やビジネスに欠かせないものです。しかし、産業革命以来人類が大気中に放出し続けた温室効果ガス（GHG：Greenhouse Gas）が地球温暖化を引き起こしており、人類がその生活様式やエネルギーへの取り組みを一から再構築できるかが、今問われています。

第3章では、米国の現状と今後の動向について具体例を挙げながら紐解き、日本が学べることははたして何かを考えていきます。特に、国と見立てると世界第5位のGDPを誇るカリフォルニア州で今何が起こっていて、COP21のパリ協定で定められた2050年の目標を州として実現するために産業セクターごとにどういうマイルストーンを置いているかを詳しく見ていきます。

個人レベルでの取り組みやエコ活動の話は少なく、行政・電力・運輸・鉱工業関連の話が中心となります。

■ 米国のエネルギー政策の歴史

まず、米国のエネルギー政策、特に発電セクターの歴史を振り返りましょう。米国はエネルギー自給率も高く、エネルギー関連の技術開発力も高いですが、反面50の州が集まった合衆国ゆえの連邦政府と州政府の間の軋轢もあります。また、

電力自由化に伴う問題点や痛みも過去に経験しており、それらを克服しながら、次のようなドラスティックなスクラップ アンド ビルドを進めてきました（口絵 7 参照）。

① 1960 年台：高度成長期の電力需要に対応するため、石炭火力発電所と原子力発電所の新規設置が急増。

② 1965 年以降：環境問題が全米で問題となり、1970 年にマスキー法（連邦法）が制定される。

③ 1973 年：第 4 次中東戦争に伴う第 1 次オイルショック発生。

④ 1979 年：スリーマイル島原子力発電所[1] で炉心溶融事故が発生。この事故の影響で、米国における原子力発電所の新設が停止。

⑤ 1979 年：イラン革命に伴う第 2 次オイルショック発生。

⑥ 1990 年台：全米で電力自由化が本格化。

⑦ 1995 年頃：自由化に伴う採算性の悪化を恐れ、新規火力発電所新設スローダウン。

⑧ 2000 ～ 2001 年：カリフォルニア州電力危機[2]と自由化政策の揺り戻し。

⑨ 2002 年頃から：発電所への投資が再び増え出すが今回はガス火力発電所が中心。

⑩ 2008 年頃から：先進州で再生可能エネルギー発電の本格的な導入が始まる。

⑪ 2008 年～：リーマンショックによる景気後退と全米のエネルギー需要の低下。

⑫ 2010 年：メキシコ湾原油流出事故（490 万バレルの原油がメキシコ湾に流出）。

⑬ 2010 年頃から：シェールオイルとシェールガス[3] 生産の急拡大、オバマ政権下での石炭離れとガス火力発電の急増。

⑭ 2011 年：福島第一原子力発電所事故発生により世界的に原子力発電への警戒が強まる。米国でも、安全対策に伴う発電コストの上昇と現在稼働中の原発の安全への懸念が強まる。

⑮ 2017 年：トランプ政権が発足し、連邦レベルのエネルギー政策の大幅な変更

⑯ 2018 年：サンフランシスコ北部で、送電線からの発火が原因とみられる大規模山火事が発生。多くの人命が失われ、老朽化したインフラへの懸念が強まる。

⑰ 2019 年：先進州での再エネ発電の急増と、そのほかの州が先進州の後を追い出す。

エネルギー政策は、一次エネルギー（化石燃料）のコストの上下、中近東での紛争、自由化政策や環境政策の揺れ、人為事故（原油流出、原発事故）、景気の動向等に左右されます。その裏では、連邦政府と州政府の駆け引き、4 年か 8 年に一度起こる政権交代による連邦レベルの政策の揺れ、補助金の奪い合い、幾多のベンチャー企業の起業と破産が繰り返されています。政策とビジネス（経済）は表裏一

体であり、化石燃料側と再生可能エネルギー側は相手を非難しながらしのぎを削るという状況が続き、近年では石炭火力発電はトランプ政権の後押し政策にもかかわらず減少しています。

　また、地球温暖化に伴うと考えられる自然災害の増加、老朽化した送電線が原因と言われている山火事、電力料金の高騰、頻発する停電等により、今までにも増して安全で安心な生活を守ることが、住民・ビジネス・各レベルの政府の重要課題となっています。その中で、一進一退はあるものの、米国での脱炭素への取り組みは、着実に進んでいます。

■ 米国のエネルギー政策　— パリ協定からの離脱と自治体として参加 —

　米国にとって「エネルギー政策」は「国家安全保障上の問題」であり、また「雇用創出」でもありますが、優先順位はその時々で変わります。エネルギー政策は、単体では成り立ち得ず、関連ビジネスや国内事情、外交政策と深い関連を持ちます。この関係性を図 3-1 に表しました。問題はそのバランスと優先順位にあります。

　比較的国民全体が同じターゲットに向きやすい日本では実感しにくいことですが、広大で、化石燃料がらみの産業が大規模に残り、それらに従事している国民の数も多い米国では、この複雑な絡み合いが切実な問題となっています。

　オバマが選ばれた 2008 年・2012 年の大統領選挙では環境問題が、トランプが選ばれた 2016 年の大統領選挙では不況の州の雇用が優先されました。米国は2015 年 12 月の COP21 で採択されたパリ協定に参加はしましたが、残念ながらトランプ大統領が 2017 年 6 月に離脱の意思を表明し、2019 年 11 月の COP25で正式に離脱を宣言しました。離脱のプロセスには 1 年を要し、大統領選の翌日に当たる 2020 年 11 月 4 日に正式離脱となります。しかし、カリフォルニア州を中心に「できる自治体から積極的に取り組む」というボトムアップの新しい流れも

---

1)　スリーマイル島原子力発電所…米国の原子力発電所でペンシルベニア州ハリスバーグ近くにあるサスケハナ川の中州であるスリーマイル島に建設されましたが、1979年に2号機原子炉が炉心溶融事故を起こしました。残った1号機も2019年9月に運転を停止し、廃炉作業が行われている。

2)　カリフォルニア州電力危機…2000年夏から翌年にかけてカリフォルニア州で、電力会社が十分な電力を供給できなくなり、停電が頻発した事態。電力自由化に伴う性急な制度設計と、エンロン社（のちに経営破綻）の違法取引等が原因とされ、当時の州知事のリコールにつながった。

3)　シェールオイル、シェールガス…地下深くの泥岩（けつ岩＝シェール）の層に含まれている石油とガス。採掘が難しかったが、技術が確立された2000年代初頭より米国やカナダで盛んに生産されるようになった。

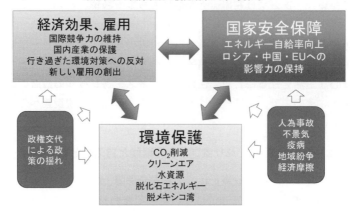

これらの要因が渾然となってエネルギー政策がきまる
政治状況や国際状況で優先順序が刻々変わる

図3-1　複雑に絡み合う米国のエネルギー政策

（出典　筆者作成）

図3-2　脱炭素を左右する推進する力と抵抗する力

（出典　筆者作成）

出てきました（図 3-2）。

■ 米国ではエネルギーはどこで消費されているの？

　脱炭素化を考える際に重要になるのはその国の「エネルギー収支」です。米国ではエネルギーをどこで得て、どこで消費しているのかを考えてみましょう。巻頭の **口絵 8** は、米国のローレンスリバモア国立研究所が毎年発表している『全米のエ

ネルギー消費の流れ』（2019年版）に筆者が説明を加えたものです。また、消費される一次エネルギーの総量100.2 Quards[4]の内訳を図3-3に示します。一次エネルギーに占める自然エネルギーの割合は11.4%とまだまだ少なく、対して化石燃料は石油37%、天然ガス31%、石炭13%と合計81%にも達しています。

　「発電セクター」がこの一次エネルギーの37%を消費しており、ここで発電された電力が二次エネルギーとして各消費セクターに回されます。各セクターでのエネルギーの消費を見ると、「運輸セクター」28%、「鉱工業セクター[5]」26%と、この両方で米国のエネルギーの半分以上を消費しており、「住宅セクター」12%、「商業セクター」は10%です。図の一番右側を見ると、最終的に有効に使われるエネルギー33%よりも、無駄に捨てられるエネルギー67%が2倍以上となっていることもわかります。

　化石燃料は、発電に用いられた場合でも、運輸・暖房・給湯・鉱工業生産の燃料に使われた場合でも、燃焼に伴い二酸化炭素やその他のガスを排出し、これらのガスが地球の温室効果を引き起こします。また、地下に眠る化石資源を取り出して使われた化石燃料由来のエネルギーは、使われたものも使われなかったものも「エネルギー保存の法則」に従って、最終的には熱となって地球を温めます。

　米国では今後、①エネルギー使用時の無駄を極力減らし、②エネルギー消費の総量を現状の約100.2Quardsから減少させ、③かつそれらを地下に眠る化石エネルギーからではなく、自然エネルギーから得る必要があります。人口もGDPも増え続けていて、また化石燃料を含むエネルギー自給率も高く、広大な国土に広がる産業構造変革の難しさやエネルギー関連のインフラの老朽化も抱えて

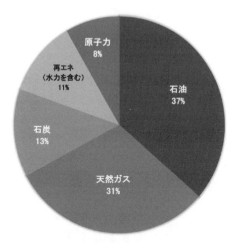

図3-3　米国で消費される一次エネルギーの内訳
　　　　（2019年）

4）　Quard…米国では、大きなエネルギーの単位としてQuardを用いる。これは10^{15} BTUのこと。なお、1 BTU（British Thermal Unit）は、1パウンド（lb=453g）の水の温度を華氏で1℃（0.556℃）上げるのに必要な熱量となる。

5）　鉱工業…産業セクターや工業セクターとも言います。

いる米国では、国の安全保障政策とも複雑に絡み、今後の難しいかじ取りが要求されています。

3-2　温室効果ガス排出の現状

■ 米国での温室効果ガス排出量の推計

　次に、米国における温室効果ガス（GHG）排出の状況を詳しく見ていきましょう。全世界や日本での状況は、第1章を参照してください。

　図3-4 に示すように、米国での排出量は、経済の変化、燃料価格、その他の要因により増減しています。2017 年の排出量は、合計で 64 億 5,700 万トンの二酸化炭素相当量でした。2016 年レベルとの比較では 0.5％の減少、2005 年レベルとでは 13％下回りました。この減少は主に次の 3 つによるものです。

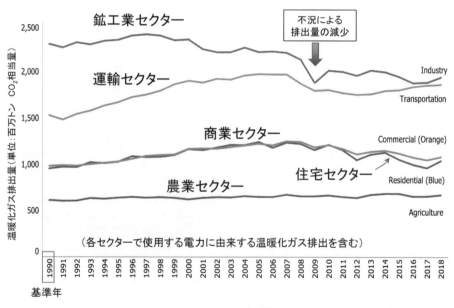

図3-4　米国の産業セクター別温室効果ガス排出量の推移（1990 ～ 2018年）
（出典　EPA[6]）

---

6)　EPA…Environmental Protection Agency：米国環境保護庁

① 石炭から天然ガスへの継続的なシフト（発電セクターと、鉱工業セクターでの直接使用の両方で）

② 発電セクターでの再生可能エネルギー（以下、再エネ）の利用の増加

③ 暖房や給湯等の化石燃料利用の減少

2009年に一時的に排出量が下がっているのは、2008年に起こったリーマンショックによる不況の影響です。不況からの回復後も、ほぼフラットか微増傾向で収まっていましたが、2018年より増加傾向です。1990年と比べると、総排出量は1.3%増加しています。これは、運輸セクターでの排出量増大が主な原因です。人口もGDPも増加している米国では、対策を何もしないと排出量は増加し続けます。図3-5は、EPAが発表している経済セクターごとの温室効果ガス排出量です（2018年）。運輸、発電、鉱工業の各セクターが3大排出源となっています。

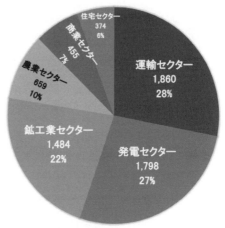

温室効果ガス排出量（単位：百万トン CO_2相当量）

図3-5 米国の経済セクター別温室効果ガス排出量と比率（2018年）

（出典 EPA）

■ 経済セクターごとの現状とその対策

その後トランプ政権により大幅に方針が変わりましたが、2016年11月にオバマ政権下で発表された「アメリカ中期戦略」では、温室効果ガス排出量の現状と今後の削減方針が示されました。表3-1にこの内容と、EPAがそのホームページで公表している具体的な対策内容を、筆者なりにまとめました。パリ協定の実現に向かって、州

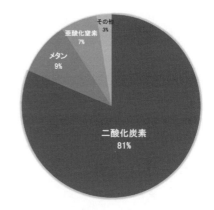

図3-6 米国で排出される温室効果ガスの種類別内訳

（出典 EPA）

表3-1　経済セクター別温室効果ガス排出の現状とその対策

経済セクター	温室効果ガス排出量にしめる割合（2017年/全米）	説明	対策（オバマ政権が策定し、その後州政府が継続して採用している項目を筆者がまとめる）
運輸セクター	28.9%	運輸セクターは全米最大の排出源。主に自動車、トラック、船、列車、飛行機の化石燃料の燃焼から発生する。	輸送機関の燃料効率を高める。低炭素な輸送用燃料や自動車を開発する。自動車による総輸送距離を削減する。2050年までに走行車両比率で60%以上をクリーン自動車とすることが目標である。
発電セクター	27.5%	発電セクターは2番目に大きな排出源。米国の電力の約62.9パーセントは、化石燃料（主に石炭と天然ガス）の燃焼による。	2050年までにほぼ全ての電力を低炭素電源にする。経済成長および電化の推進により発電電力量は増加するが、その分も低炭素電源で賄う。近代化された電力網を構築する。
鉱工業セクター	22.2%	（1）化石燃料（石油・天然ガス・石炭）を採掘し精製し輸送する際の排出。（2）それらの化石燃料を用いて工業生産を行う際の排出。	エネルギー効率の改善および新たな素材や生産方法を開発する。クリーンな電力を含めた低炭素燃料や低炭素原料へ転換する。鉱工業用CCUS、CHPを活用する。
商業および住宅セクター	11.6%	（1）熱を得るための化石燃料の燃焼。（2）温室効果ガスを含む特定の製品の使用。（3）廃棄物の処理等。	エネルギー効率を向上させる。最終消費者の電化を推進する。（暖房と給湯をガスやオイルではなく、クリーンな電力で行う）
農業セクター	9.0%	家畜、農業、土壌に由来する。排出量低減が難しいセクターである。	BECCS等の二酸化炭素除去技術の開発・普及を図る。家畜由来のメタンガスの発生を減らす。
土地利用と林業セクター	11.1%のオフセット	土地エリアは、温室効果ガスの吸収源（シンクとも言う）および排出源として機能する。米国では、1990年以降、管理された森林や他の土地は、大気に放出するよりも多くの二酸化炭素を吸収している。	森林、バイオマス、耕作地、湿地などによる二酸化炭素の貯留を図り、オフセット量を増やす。
二酸化炭素以外	全セクター	二酸化炭素以外の温室効果ガスの排出。	石油・ガス製造から排出されるメタンを削減する。農業や牧畜由来のメタンや一酸化二窒素を削減する。埋立地からのメタンや一酸化二窒素を削減する。冷蔵庫やエアコンからのフロン類を削減する。

や自治体、企業レベルで対策すべきことが整理されています。

■ 多く排出される温室効果ガスの種類

　ここで、どういうガスが温室効果を引き起こしているかを見てみます。図3-6は、2017年度の米国における温室効果ガスの種類による分類です。二酸化炭素が81%と多いですが、メタンガス、亜酸化窒素（一酸化二窒素）ガス、フロン等の単位重量当たりの温暖化効果が二酸化炭素よりも極めて大きいガスが合計で19%を占めます。二酸化炭素に限らず、これらのガスを減らす努力が必要となります。

3-3　州と民間企業が進める脱炭素化

■ 州ごとに進む発電セクターのクリーン化

　米国では発電セクターでどのリソースを使うかを巡って、前述したように40年間変転を遂げてきていますが、脱石炭と再エネ化の流れは顕著です。

　2019年には発電セクターが一次エネルギーの37%を消費し、温室効果ガス排出では27.5%を占めます。また、発電時のエネルギー利用効率はわずか33%で、残りの67%は排熱として捨てられています。効率が悪いうえに、化石燃料を大量に用いて温室効果ガスを排出する発電セクターのクリーン化が急務です。

　「再生可能エネルギー発電を2045年までに100%にする」という州法を定めたハワイ州やカリフォルニア州を追いかけて、2020年7月時点で、合計で14の州と特別区（1）と準州（1）が「100%」を義務、または目標とするようになりました（表3-2、図3-7）。全米52州（特別区と準州を含む）のうち、31%に相当する16州がコミットするというのは大きな前進です。州単位の動きであり、かつ先進州に限られますが、「発電のクリーン化」に向けての大きな推進力となっています。

　この流れは、単なる再エネ化にとどまらず、「分散電源の増加」「双方向化」「地産地消の推進」「エネルギーのシェアリングエコノミー[7]」「配電網の強化」「デジタル化による新たな価値の創造」等とセットです。これは、エジソンやテスラ以来130年間綿々と続いてきた電力インフラのあり方を抜本的に変えるものであり、さらには大きなビジネスチャンスでもあります。ポイントは、脱炭素社会に向けて

7）　シェアリングエコノミー…インターネットを介して個人と個人の間で使っていないモノ・場所・技能などを貸し借りするサービスのこと。

表3-2　再エネ発電100%を目標としている州

再エネ100%義務・目標の区分		州　名	目標年
州法による規制 （義務） （11州）	州内の全電力会社 に適用 （9州）	ハワイ州	2045年
		カリフォルニア州	2045年
		メイン州	2050年
		ネバダ州	2050年
		ニューメキシコ州	2045年
		ニューヨーク州	2040年
		ワシントン州	2045年
		ワシントンDC（特別州）	2032年
		プエルトリコ（準州）	2045年
	州内の一部電力会社 に適用 （2州）	コロラド州	2050年
		バージニア州	2045年 2050年
州知事による行政命令か州の目標の提示 （州法ではないので強制力はない） （5州）		コネチカット州	2040年
		マサチューセッツ州	2050年
		ニュージャージー州	2050年
		ロードアイランド州	2030年
		ウイスコンシン州	2050年

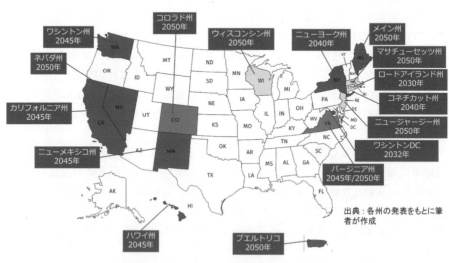

図3-7　再エネ発電100%を目標としている州
（出典　各州の発表を元に筆者作成）

の「社会の変革と技術革新」が必要なことを、色々なレベルで社会的に理解し、できることを一つずつ進めていくことと、経済的合理性を犠牲にしないことです。

そのためには発電の脱炭素化や送配電インフラの更新だけに限定せずに、関連する社会インフラを抜本的に作り直す必要があります。作り直す時には、既存のインフラと新しいインフラの共存という二重投資も発生しますし、インフラを構築し直すために必要な技術の開発と普及には時間とお金もかかります。

米国では、それを地方自治体と民間主導で動かそうとしています。

3-4 カリフォルニア州の脱炭素化の取り組み

■ 温室効果ガス排出削減目標 ― カリフォルニア州の位置付け ―

カリフォルニア州に注目してみましょう。カリフォルニア州を国と見立てると、GDP では世界 5 位に位置し、面積は日本より少し広く、GDP は日本の 63%、人口はほぼ 4,000 万人です（図 3-8）。米国の州といえども、一つの国に匹敵すると

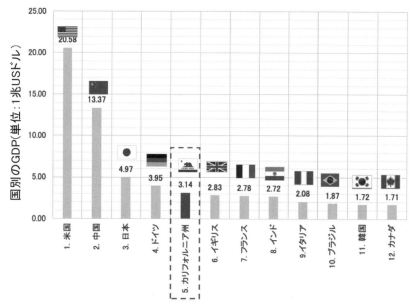

図3-8 国別のGDPランキングとカリフォルニア州の比較
（出典 IMF2018年の国別GDPと米国経済分析局2019年の州別GDPを重ねて作成）

見做せるでしょう。

　カリフォルニア州は歴史的にも環境対策、排ガス規制、温暖化対策等に熱心な州です。特に、年中渋滞するロスアンジェルスの1970年代の光化学スモッグは凄まじく、ここからマスキー法が生まれ、自動車メーカーの主張ではなく、住民の健康を優先する思想が芽生えてきました。この時、連邦政府は大手自動車メーカーの主張を受けて排ガス規制には消極的でしたが、カリフォルニア州はまず独自に州法化し、その後に連邦が追随しました。温暖化対策に関しても、国ではなくて州として、世界を牽引しています。

■ カリフォルニア州の温室効果ガス排出状況

　米国の州ごとの温室効果ガス排出量を比較すると、カリフォルニア州は二酸化炭素換算で3億5,900万トンと、テキサス州の7億700万トンに次いで2番目に多く排出しています（図3-9）。

　カリフォルニア州の温室効果ガス排出量の内訳を州政府が毎年発表しています。2019年発表の2017年データを 口絵9 に、2000年から2017年までの17年間の排出量の推移を 口絵10 にまとめます。

　この発表資料から得られるカリフォルニア州の状況を次にまとめました。

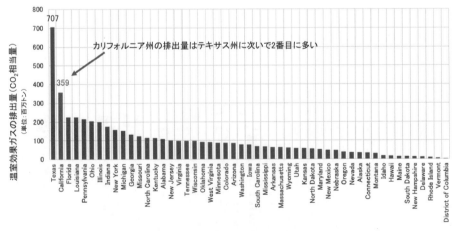

図3-9　米国の州ごとの温室効果ガス排出量（2017年）
（出典　EIA：「U.S. Energy Information Administration」）

① 経済成長は全米平均を上回っていますが、温室効果ガス排出量は少しずつ減少しています。州法で定められた 2020 年の温室効果ガス削減目標を 2017 年に下回りました。

② 最も削減量が多かったのは発電セクターであり、前年（2016 年）と比較し排出量が 9％削減。今では排出量全体の 14.7％しか占めておらず、今後再エネ発電が増えるに従って、2045 年にはほぼゼロになる優等生です。

③ 運輸セクターの排出量は、リーマンショック後の不景気の影響で一時下がりましたが、その後じわじわ増加。他が減っていることもあり州全体の排出量の 40％を占めました。カリフォルニア州がガソリン車の販売をいつ禁止するかが大きなポイントとなります。

④ 運輸セクターが 40％、鉱工業セクターが 21％と両方で 61％の排出量ですが、今後運輸セクターがゼロエミッション化すると、鉱工業セクターでの排出も減ります。この両分野での削減が今後の一番の課題です。

⑤ 住宅・商業セクター両方合わせて 10％ですが、天然ガスの使用をほぼゼロにできるか、省エネが進むか、需要家内のクリーンな発電を増やせるかが今後の課題です。

⑥ 農業セクターは 8％ですが、家畜由来の温室効果ガス（特にメタン）排出の削減や再利用の技術開発が課題です。

⑦ 高い地球温暖化係数を持つガス（High GWP）がじわじわ増加しています。例えば、オゾン層保護のために開発され使われた代替フロンは二酸化炭素の数百倍から数万倍の温室効果があります。これらのガスの排出が増えており、今後の削減が必要です。

■ カリフォルニア州の排出削減目標

　図 3-10 は、カリフォルニア州における温室効果ガス排出を 2050 年までに 1990 年比で 80％減らす目標への道程表です。各セクターの現状と今後の排出量削減の動向をこの後詳しく見ていきます。

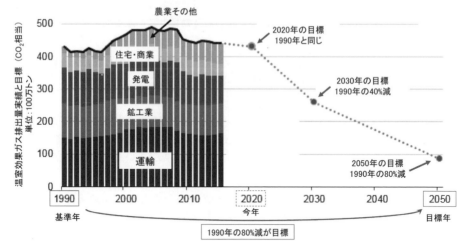

図3-10　カリフォルニア州の2050年に向けた温室効果ガス削減目標
（出典　EIAのデータに筆者が説明を追加）

3-5　『発電セクター』の脱炭素化

　カリフォルニア州の発電セクターからの温室効果ガス排出量は、2017年では全体の14.7％しか占めていません。しかし、同州では2045年までに、その使用する電力の100％を温室効果ガスが発生しない電力で賄うという州法（SB-100）を2018年に制定し、この目標に向かって発電セクターの脱炭素化を進めています。

　図3-11は、過去18年間のカリフォルニア州の発電施設の設置容量の推移で、2018年の設置容量の合計は約80GW（ギガワット）です。カリフォルニア州の1日の需要のピークは通常で約35GW、夏期の冷房需要が増える日で約45GWです。2018年時点の設置容量では、ガス火力が一番多く、40GWが設置されています。ガス火力発電は、発電効率（燃料当たりの発電量）が良く発電単価が安いコンバインド・サイクル[8]（Combined Cycle）式と、ピーク時に稼働されるコンバッション・タービン（Combustion Turbine）式の両方があります。また、万一の場合のバッ

8）　コンバインド・サイクル（発電）式…ガスタービンと蒸気タービンのよう異なる方法を組み合わせた発電方式。発電効率がよく、投入された一次エネルギーの無駄が少ない。

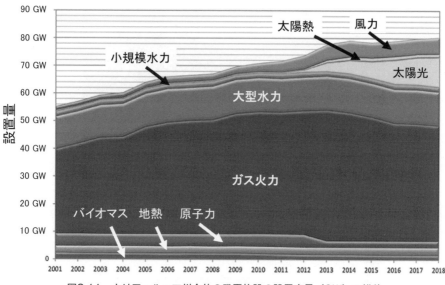

図3-11　カリフォルニア州全体の発電施設の設置容量（GW）の推移

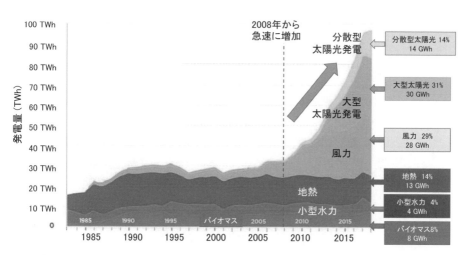

図3-12　カリフォルニア州全体の再エネ発電量（TWh）の推移（1983 ～ 2018年）
（出典　カリフォルニア州政府発表データに筆者が説明を追加）

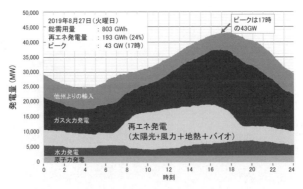

（A）2019年8月27日

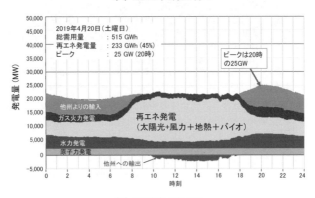

（B）2019年4月20日

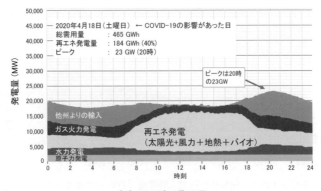

（C）2020年4月18日

図3-13　カリフォルニア州の時間帯別発電量

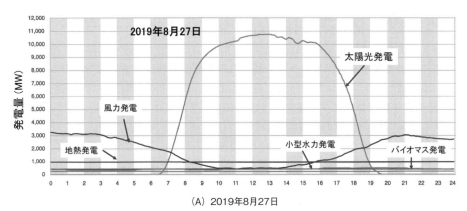

（A）2019年8月27日

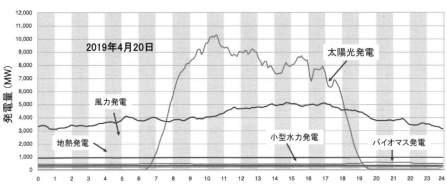

（B）2019年4月20日

（C）2020年4月18日

図3-14　カリフォルニア州の時間帯別再エネ発電量

クアップ用にのみ存続している老朽化した施設も多く残っています。

　このガス火力40GWのうち約20GW相当の発電所がOTC対策で2030年に向かって閉鎖されていきます。OTCとは、Once Through Coolingの略で、冷却水として使用する海水や河川水を一度の利用のみで再循環利用せずに海や河川に投棄している発電所（火力および原子力）のことです。これらの発電所は今後順次廃止され、その置き換えは再エネ発電で行うことになっています（110ページコラム参照）。

　再エネ発電施設全体の設置容量合計は2019年で約30GWです。このうち太陽光発電と風力発電の設置容量（GW）が急増しており、2019年の実績で太陽光発電11.1GW、太陽熱発電1.2GW、風力6.0GW、合計の設置容量は18.3GWです。

　再エネ発電は自然に頼るため、設備稼働率は他の発電方式に比べて低くなりますがカリフォルニア州の場合、2019年の実績値で、太陽光発電27%、太陽熱発電21%、風力発電26%です。コンバインド・サイクルの設備稼働率が約80%であることを考えると、再エネ発電の設置量は3倍必要になります。

　再エネに限定した1983年から2018年までの年間の発電量（TWh：テラワット時）を図3-12に示します（大型水力を除く）。発電量は2008年ごろより急増していますが、これは後で述べるRPS政策によるものです。再エネ発電施設は、計画から発電開始まで3〜5年程度かかるので、現在（2020年）建設中や計画中の施設が稼働を始めるにつれて、これらの発電量は急増していく見込みです。なお、カリフォルニア州全体の年間電力消費量は約280TWhなので、2018年の再エネ発電量（大型水力を除く）の95TWhは、約35%に相当します。

■ 再生可能エネルギーによる時間帯別の発電量

　ここでカリフォルニア州の電力需要と発電リソースが1日でどう変わっていくか季節を変えて見ていきましょう。数字やグラフは、カリフォルニア州全体の約80%の電力供給を管理するCAISO（California Independent System Operator：カリフォルニア州独立系統運用機関。以下、系統運用機関）管内のものです。

　図3-13（A）は、夏期で冷房需要が多い平日（2019年8月27日）の需要量と発電量の推移です。需要量合計は803GWh（ギガワット時）で、日の出前の25GWから夕方のピーク時の43GWまで時間によって変化します。これらの需要に対し、再エネ発電量[9]は193GWhで、この日の需要量の24%に相当します。

　次に、冷暖房需要の少ない春の穏やかな週末（2019年4月20日（第3土曜日））

　9）　ここでの再エネ発電量には、太陽光・太陽熱・風力・地熱・バイオ・中型水力を含み、大型水力は含まない。

の状況を、図 3-13（B）に示します。電力需要量は 515GWh と、前記の夏の暑い平日の 62％しかありません。再エネ発電量を見ると、この日は風況が良好で風力発電が貢献したこともあり 233GWh となり、この日の需要量の 45％に相当します（大型水力を入れると 55％）。通常は夜間に多く発電する風力発電が昼間もコンスタントに 4 ～ 5GW 発電し、9 ～ 17 時までは電力が余り、他州に 1 ～ 2GW（合計で 11.7GWh）輸出しています。この昼間の時間帯のガス火力発電は、発電を維持できるぎりぎり最少の 2 ～ 3GW 程度まで下げられており、これ以上下げると危ないレベルです（ガス火力発電所は、急な需給の変化に備えて稼働を続けなければいけません）。この日のガス火力は合計で 78GWh の発電量（11％）でした。

最後に、同じく冷暖房需要の少ない春の穏やかな週末ですが、新コロナウイルス（COVID-19）の影響のあった 2020 年 4 月 18 日の状況を見ます。図 3-13（C）のように電力需要量は 465GWh と前年の同じ第 3 土曜日より 10％減です[10]。ピークは夜 8 時の 23GW でこれは前年とほぼ同じです。再エネ発電量は 184GWh で、この日の電力使用料の 40％を供給しています。水力も入れると 50％です。太陽光発電が貢献する 11 ～ 16 時の時間帯は、他州からの輸入がほぼゼロとなりました。大型水力は、48GWh（10％）で、昼間揚水して夕方の太陽光発電が減少した時に使っていて、これはいつも通りです。これら 3 日間の再エネ発電の詳細を図 3-14(A)(B)(C) に示します。日によって風況が異なる風力発電ですが、夜間発電量が多く太陽光発電を補完しています。

このように、季節、曜日、天候によりその需要カーブや供給カーブは大幅に異なりますが、5 年後（2025 年）の春や秋の週末の昼間は太陽光発電だけでほぼ 100％賄えるようになり、後で述べるように 10 年後（2030 年）には昼間の電力が大量に余ると見込まれています。

原子力発電所（1 か所 2 基）は、ベースロードとして 2,200MW（メガワット）をコンスタントに供給し、いずれの日でもその発電量は 54GWh でした。全体の需要に占める比率は 2020 年 4 月 18 日の場合で 12％でした。このカリフォルニア州で最後に残った 1 か所 2 基は、2024 年・2025 年に順次停止・廃炉になる予定です。なお、「ベースロード」（継続的かつ安定的に電力供給が可能である）という考え方は無くなりつつあり、全てが調整可能な「フレキシブルリソース」となります。

---

10) この日は、COVID-19の影響で外出が原則禁止されており、オフィス・レストラン・商業施設もクローズという特殊状況下にあった。

図3-15　再エネ利用比率50％目標（SB350）を宣言するブラウン知事（2015年、肩書きは当時）
（出典　カリフォルニア州政府ホームページ）

■ 温室効果ガスゼロ発電100％へ向かって州法化

　写真（図 3-15）は、「再エネ利用比率（RPS）50％」を目指す州法（SB350）の署名式で声明を発表するカリフォルニア州のブラウン知事です（2015 年 10 月当時）。カリフォルニア州はこの州法で、再エネ利用比率を 2020 年までに 33％、2030 年までに 50％にすることを宣言しました。署名式の場所として、大気汚染で有名なロスアンジェルス市の天文台を選びましたが、これは温暖化対策と大気汚染対策は表裏一体であるという州知事からのメッセージです。知事の向こうには、温室効果ガスを象徴する排気ガスに煙るロスアンジェルスの市街地が見えます。

　その後、2016 年 12 月に、「温室効果ガス排出を 1990 年比で 2030 年までに 40％、2050 年までに 80％削減する」というパリ協定と同じ目標を州法（SB32）にしました。

　また、2018 年 9 月に「2045 年までに温室効果ガスを発生しないソースからの発電を 100％にする」という新たなゴールを州法（SB100）としました。この新しい目標では、2025 年までに 50％、2030 年までに 60％（SB350 では 50％）と途中段階の目標値も引き上げられました。

■ RPS（再エネ利用比率）とは？

　州レベルの再エネ比率向上の指針となっているのが RPS（Renewable Portfolio Standard）で、日本語では「再生可能エネルギーの利用比率の基準」と訳されることが多いです。

　口絵 11 が RPS の仕組みです。「需要家に販売した電力量（D）」を、「再エネで発電した電力量（B）」で割った数値（％）です。「需要家側に置かれた再エネ発電

施設（F）」と「省エネ（E）」が大きくなると RPS 計算式の分母（D）が小さくなり、電力会社側に置かれた再エネ発電量が大きくなると分子（B）が大きくなり、この両方で、RPS が大きくなります。なお、再エネ発電が増えると、「調整力（C）」が重要になってきます。

■ 電化に伴う消費電力の増加

カリフォルニア州の 2018 年の消費電力量は 280TWh で、セクターごとの使用量と比率は図 3-16 の通りです。今後、脱炭素化に向かって、家庭・商業施設・運輸・鉱工業セクターでの石油や天然ガスの使用を減らし、それらをクリーン電力で代替すると電力需要（GWh）が増加します。今の予想では、2050 年には 2020 年の約 1.7 〜 2 倍になります。

それぞれのセクターでの消費電力がどうなるか予想してみましょう。

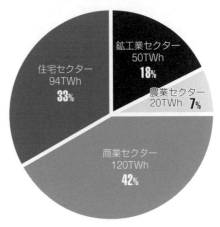

全セクター合計で 284Wh 使用

鉱工業セクター 50TWh **18%**

農業セクター 20TWh **7%**

商業セクター 120TWh **42%**

住宅セクター 94TWh **33%**

図3-16　カリフォルニア州におけるセクター別電力使用量と比率（2018年）

運輸セクター

ガソリン車が主流の現在はほとんど電力消費ゼロですが、車両のゼロエミッション化に伴って今後は大幅に増加します。カリフォルニア州では 2035 年にガソリン車の新車販売が禁止されると筆者は予想しています。その時点で残っていたガソリン車の廃車が徐々に進み、2050 年には登録車のほぼ 100％がゼロエミッション車（ZEV：zero emission vehicle、以下、ZEV）になり、年間電力消費量は後述のように約 180TWh に達すると予想されます。

鉱工業セクター

2018 年で 50TWh と州全体の 18％を占めています。今後、運輸セクターのゼロエミッション化と、住宅と商業施設での天然ガスの利用が減れば、カリフォルニア州内での石油と天然ガスの生産・精製・輸送は減っていきます[11]。しかし、セメント産業やそのほかの工業生産時に必要な高温の熱を発生させることに、天然ガ

スではなくクリーンな電力を使うことになるとこの電力需要が増え、全体では 1.2 倍程度に増加、2050 年には約 60TWh になると予想されます。

商業・住宅セクター

2018 年商業セクターで 120TWh（42％）、住宅セクターで 94TWh（33％）、両方で 214TWh（75％）と州の需要の 4 分の 3 を占めています。商業・住宅セクターでの電力と天然ガスの利用量はほぼ半々ですが、暖房・調理・給湯等に使われている天然ガスは今後電化されていきます。全ての天然ガスが電化されると必要電力は 2 倍になりますが、省エネ効果＋需要家内の再エネ発電で相殺され、全体では 1.2 倍程度に増加、2050 年時点での年間電力消費量は両セクターで約 230TWh になると予想されます。

これらの予想を元に、2050 年までのカリフォルニア州の電力使用量を予測したグラフが図 3-17 です。2050 年に必要とされる電力量合計は約 500TWh と現在の

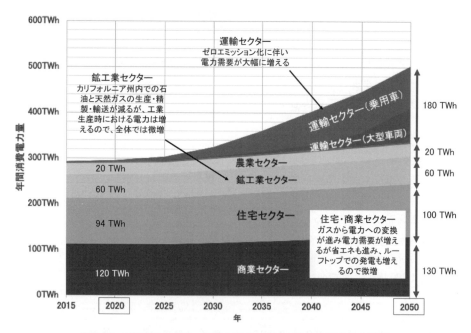

図3-17　2050年に向かってのカリフォルニア州の電力需要（予測）
（出典　各種のデータを元に筆者が予測）

11）カリフォルニア州の石油の自給率は30％で、原油採掘量は全米5位。

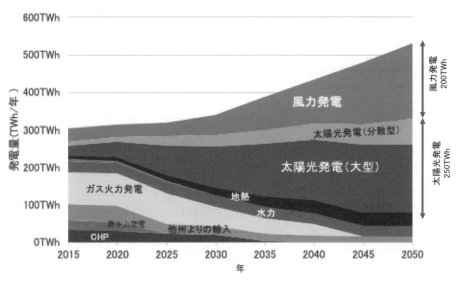

図3-18　風力発電が多めのシナリオ
（出典　各種のデータを元に筆者が予測）

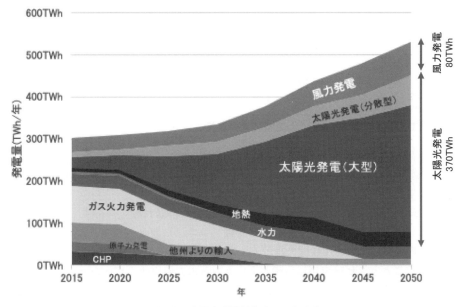

図3-19　太陽光発電が多めのシナリオ
（出典　各種のデータを元に筆者が予測）

280TWh の 1.8 倍を予想しています。全ての予測は、各種のデータを元に筆者が独自に行いました。

■ 増加する電力需要をどうやって賄うか

カリフォルニア州では、これらの増加する電力を 100％自然エネルギーで発電し、かつ自然エネルギー特有の変動を吸収し、脱炭素化を推進しようとしています。現在、カリフォルニア州の発電能力の半分弱を賄っているガス火力発電所は、2029 年までに全ての OTC 発電所が停止されることにより、大幅に減っていきます。最後の原子力発電所（1 か所× 2 基＝ 2.2GW）も、2024 年・2025 年に停止されます。

図 3-18、3-19 に、これから増加する電力需要を、火力・原子力発電を順次減らしながら、再生可能エネルギー発電で賄うというシナリオを示しました。どの再エネ発電が今後伸びるかに関してはいろいろな議論があります。風力発電は夜間の発電量の方が多いので、太陽光発電と補完的な関係になり、系統運用機関は太陽光と風力のバランスの良い導入を希望しています。この場合には発電単価は上がりますが、エネルギー貯蔵装置のコストは少なくて済みます（図 3-18）。

しかし、風力発電は、陸上・洋上ともに設置場所に制約があり、太陽光発電設置好適地[12] が多いカリフォルニア州の場合には、大型の太陽光発電が増やすケースが今の時点では最も支持されています。この際の発電量の伸びを示したグラフが図 3-19 です。大型の太陽光発電施設での 2030 年の発電コストは約＄ 0.03/kWh になる予想です。しかし、発電しない夜間需要のために大型のエネルギー貯蔵施設が必要になり、そのコストが加わってきます。

■「再エネ発電」増加のマイナス面とその対策

マイナス面 1：自然エネルギー特有の変動への対応

州法 SB100 の目標では、2030 年に需要量全体に対する再エネ発電量は 60％になりますが、問題は自然エネルギー特有の変動です。

変動には①短期（ミリ秒～数分）、②中期（数分～数時間）、③長期（昼・夜のシフト）、④夕方になって起こる急激な変動（ランプ）があります。2020 年現在、これらの変動は系統運用機関の指示で、火力発電や水力発電がその出力をこまめに調整することと、ピーク用に待機しているガス火力発電所（ピーカーと呼びます）が稼働を始めたり止めたりすることでカバーしています。

12）太陽光発電設置好適地…カリフォルニア州東部のモハベ砂漠等の日照条件が良い土地。

しかし、自然エネルギーに頼る発電が60％を超え、火力発電が減った時点で大きな問題が生じます。特に、太陽光発電の増加に伴う「昼間余り、夜足りない」現象（長期の変動）は本質的な問題で、膨大なエネルギー量を昼間貯めて夜間供給することが求められます。

カリフォルニア州政府や系統運用機関は、よりバランスの良い自然電源構成、例えば、太陽光・太陽熱・風力発電が1/3ずつとなることを望んでいますが、現実的には、これから一番増える電源は太陽光発電ではないでしょうか（図3-19のシナリオ）。この場合、図3-20に示すように、2030年には、他の再エネ発電と合わせると昼間には約35GWの発電量となり、カリフォルニア州の春の週末のピーク需要（約25GW）を越す発電量となります（図3-20の右下）。再エネ発電量が80％以上となる2040年にはさらに大きな電力の「昼→夜シフト」が必要になります。

なお、この2030年シナリオは、需要は2019年のものをそのまま使い、供給量は太陽光発電が2.5倍の約26GWに、風力発電が2倍の約6GWに増えると仮定してシミュレーションしています。

この需要と供給量の変化に対応するための「調整力」として、エネルギーを貯蔵する「揚水発電所」や「バッテリー」、需要家内での需要を調整する「デマンドレスポンス」等がありますが、これから10〜20年間に起こりうる「急激な再エネ

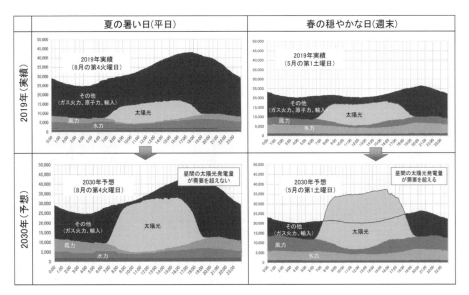

図3-20　太陽光発電量の予測（2019年実績→2030年予想）

発電の増加」と「火力発電所と原子力発電所の停止」という変化に間に合わせる必要があります。「デマンドレスポンス」は、系統運用機関の指示に従って需要をコントロールする仕組みです。現在コントロールできるのは約5％（2GW）であり、今後10％（4GW）まで増やすことが必要です。「揚水発電所」は現状6〜7GW程度で新規設置も難しく、また冬季に降った雨や雪の量に影響されます。

　近年、「バッテリー」への期待は高まっており、カリフォルニア州は、発電所の急な停止や天候の急変等の変動を補ったり、昼間→夜間の電力シフトを行う目的で、大型（1か所100〜300MW）で長時間（4〜6時間）の充放電が可能なバッテリーの導入を急ピッチで進めています。カリフォルニア州政府が2020年2月に発表した「2030年の最適な電源構成案」では、3GWの風力発電、11GWの太陽光発電の新規の再エネ導入の他に、9GWのバッテリー、1GWの長時間のエネルギー貯蔵、0.2GWのデマンドレスポンスを導入することを、電力会社に求めています。このうち、風力発電、バッテリー、長時間のエネルギー貯蔵は夜間の電力維持に貢献します。

マイナス面２：朝と夕方に発生する急峻なランプへの対応

　夕方になって、太陽が陰り反対に住宅での需要が急増すると短時間に需給量の急激な変化が起こり、「急峻な変動（ランプ）」が発生します。この急激な変動に需給調整が対応できないと、電力網が不安定になり、最悪では停電を引き起こします。

　図3-20の「2030年の夏の暑い日（左下）」のグラフの表示を少し変えて、太陽

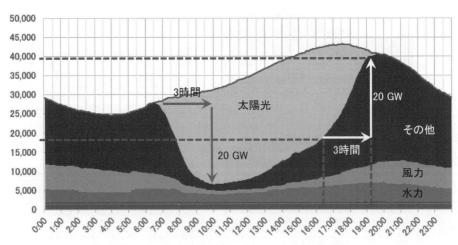

図3-21　2030年の夏の日の朝と夕方に起こる急峻なランプ

光を一番上に表示し、朝と夕方の変動（ランプ）を予想してみると、7 〜 10 時と、16 〜 19 時の 3 時間に 20GW の急激な上げと下げの変動が発生することがわかります（図 3-21）。この変動を残りの発電リソースを調整力としてフル活用し、需要と供給差を数％以内に抑え込まなければなりません。前述のように、カリフォルニア州政府は 2030 年までにエネルギー貯蔵装置を 10GW 以上設置することを電力会社に要請していますが、早期の実現が望まれます。

　今後再エネが増えてくると、ベースロードという考え方は無くなり、全てのリソースは変動するフレキシブルリソースとなります。分散電源管理、デマンドレスポンス、各種の調整力、州外のリソースの活用も含めて、総合的な運用が必要になってきます。

マイナス面 3：インバータ経由で電力網に繋がる電源の増加

　ミリ秒から数秒程度の短期の変動は、中長期の変動と様相が異なります。需給のズレは、数秒程度でも周波数や電圧の乱れを引き起こし、最悪には停電に繋がります。記憶に新しい 2018 年 9 月に北海道で発生したブラックアウト（大規模停電）は、地震に伴う発電所の機器故障と送電線破損で 2 か所の発電所がまず停止し、そのために周波数が低下、周波数が下がったために他の発電所が連鎖反応式に停止していったことが大規模停電につながったと言われています。

　需給バランスのある程度の狂いによる周波数の乱れは現在では、「大型同期発電機」が慣性力でカバーしています。しかし、再エネ発電が大規模に増えた場合は大きな問題になり、今までは問題なく収まっていた周波数のズレが、今後は停電につながる恐れがあるのです。2020 年時点でカリフォルニア州では旧来の同期型発電機が 66％を占め、慣性力をもつこれらの発電機が電力網の不安定さから守っています。慣性力とは、火力、水力、原子力などで使用されている同期発電機が備えている機能です。巨大な回転子が回転運動エネルギーを蓄えており、系統運用機関の供給・負荷バランスが急激に変化したり、発電機が故障した際に瞬時的に発生する電力の過不足分を吸収、または放出して調整する機能があります。

　しかし、再エネ電源は、電力網にインバータ（パワーコンディショナー：PCS）で接続されており慣性力がありません。ひたすら電力網に電流として流し込むだけです。この対策として、再エネ電源比率が高いカリフォルニア州やハワイ州では、再エネ電源を系統運用機関に新規に接続する際は、電圧や周波数の変動に対して自律的に調整できる「スマートインバータ[13]」であることが義務化されていますが、スマートインバータだけでは今後の慣性力の低下は防げないと考えられています。

　このため、（1）極めて高速なデマンドレスポンス（Frequency Response）、（2）

フライホイール、(3) 静止形無効電力補償装置（STATCOM）、(4) 仮想同期発電機（VSG：Virtual Synchronous Generator）等の研究・開発が進んでいます。仮想同期発電機はインバータに「疑似慣性力」を具備させる制御手法で、インバータに回転形の同期発電機と同様な慣性特性を持たせ、自律分散制御的に擬似的に慣性力を与えようというものです。

　色々な方法が提案されており、米国の国立研究所や大学での研究や実証実験が進みつつあります。特に島嶼部では、慣性力低下の影響が大きいと考えられ、急速に再エネ発電化が進み2045年に100％化するハワイでは大きな問題と捉えられています。

マイナス面4：インフラ整備に伴う電力料金の上昇

　カリフォルニア州やハワイ州には、電力料金の上昇という大きな問題もあります。電力会社が発電事業者から購入する際の「卸価格」は現状維持か下がっていますが、「小売価格」は年々上がっています。この原因は、電力網インフラを整備・維持するコストの上昇による送配電コスト（託送料）の上昇にあります。例えば、筆者自宅における20年前（1999年）と、現在（2019年）の電力料金の比較を図3-22

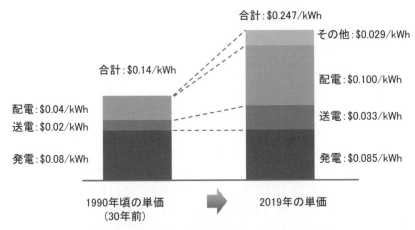

図3-22　1999年と2019年の電気料金の比較（筆者自宅の場合）
＊20年前は大体の値、2019年は実際の請求額。

13）スマートインバータ…自律調整機能（電圧安定化、周波数安定化、力率調整、出力制御、ソフトスタート等）と、電力会社またはアグリゲータとの双方向通信機能を有し、電力系統の安定化及び電力品質の向上と同時に電力会社との協調を実現する次世代電源変換装置。

に示します。発電に関わるコストは約 \$0.08/kWh とほぼ同じですが、送配電のコストはこの 20 年間で約 2 倍になっています。

　今後、再エネ化と分散電源化が急速に進んでいくうえで、次のようなインフラ整備コストが二重三重の投資となってのしかかります。

①　これまで何十年にもわたって構築したが老朽化が進んだ送配電インフラの維持・整備
②　再エネ化と分散電源化に伴う新たなインフラの構築
③　エネルギー貯蔵装置（バッテリー）への投資
④　図 3-20 の（C）で示す調整力（アンシラリーサービス）のコスト

　電力小売価格は下がる要因もありますが、上がる要因の方が大きいと考えられ、このため、電力自由化にも再エネ化にも関心のない州の方が電力小売価格が低くなるという矛盾がでています。なお、電力マーケットを徹底的に自由化し、容量マーケットも無く、青天井マーケットのテキサス州では電力小売価格が比較的安定しており、この「テキサス流」はある面で参考になります。

■ 太陽光発電とバッテリーに関する「サカグチモデル」

　太陽光発電用のセル（ソーラーパネルの最小単位）とモジュール（セルを組み合わせたパネル）は、その製造能力が 10 年前から急速に拡大したことに伴い価格低下を引き起こし、経済的優位性が一気に向上しました。製造する会社は大変ですが、利用する発電事業者にとっては、性能・価格・寿命等が改善され、石炭やガス火力発電との競争に勝てるまでになってきています。バッテリーは、その太陽光発電の 10 年後を追いかけて、性能・価格・寿命が改善されています。

　これら 2 つの技術の活用モデルを、その設置先と利用形態に分けてまとめたものが表 3-3 で、筆者はこのモデルを「サカグチモデル（SAKAGUCHI MODEL）」と呼んでいます。設置先としては「電力会社向け」「ビジネス顧客向け」「住宅向け」の 3 種類があり、利用形態としては「太陽光発電単体」「バッテリー単体」「両者の併設」の 3 つがあり、その組み合わせ（マトリックス）として 9 種類のモデルを考え、それぞれについてビジネスモデル・技術開発・利用形態・ファイナンスモデルを考えます。

　大型の電力会社向けは、「カリフォルニアモデル」と「ハワイモデル」に分けられます。その場所の特性を考慮してバッテリーを活用することにより、再エネが増えた場合のデメリットを少しでも減らそうとしています。「カリフォルニアモデル」は砂漠地帯に極めて巨大な太陽光発電施設を設置し、発電コスト（LCOE）を極限

表3-3　太陽光発電とバッテリーの活用における「サカグチモデル」

		太陽光発電単体	太陽光発電 ＋バッテリー の併用	バッテリー単体
電力 会社 向け	カリフォルニア モデル	・極めて広大な敷地に 大量に設置 （発電単価は安いが昼 のみ発電）	（少ないが、今後増える）	・需要地の近隣地（変 電所等）に設置し、需 給調整を行う
	ハワイ モデル	（少ない）	・カウアイ島やオアフ 島の事例のように、両 者を併設し、安定電源 として電力と調整力を 供給する	（少ない）
ビジネス顧客向け		・ビルや駐車場の上に 設置 ・昼間の電力代金を節 約する目的で増え続け ている	・昼間と夜間の電力代 金と、デマンドチャー ジを節約し、停電対策 を行う ・将来はマイクログ リッドへと進化する	・デマンドチャージ削 減と停電対策に限定さ れ、あまり増えていな い
家庭向け		・設置コスト低下もあ り、増え続けている	・一部地域で急速に普 及	（少ない）

まで下げ、しかしバッテリーは需要地の近くに置いて需給調整に使うものです。「ハワイモデル」は、後述のカウアイ島やオアフ島の例（130ページ）のように、中規模に併設して、電力会社の指示を受けながら需給調整された電力を供給するものです。

　ビジネス向けの「太陽光発電＋バッテリー」は今後マイクログリッドに発展し、かつそれらをクラスタリングする（集約し再配分する）ことで、需要家側から電力網の安定に寄与し、また地域の安全安心につながると考えます。

　このように9通りに分けて考えることにより、太陽光発電とバッテリーの適所適材な使い方がはっきりしてきます。それぞれの特性が生かせれば、経済的合理性が向上します。

■ 調整力とエネルギー貯蔵

　ここまで見てきたように、発電セクターで自然エネルギーを大規模に採り入れるためには調整力が大事であり、エネルギー貯蔵はその要を担っています。米国エネルギー省のデータベースには、稼働中と計画中の全てのエネルギー貯蔵プロジェクトがリストアップされていますが、2020年5月時点で稼働中のエネルギー貯蔵シ

ステムを見ると図3-23のようになります。揚水発電が90％以上を占めています。

　今後の調整力として、（1）瞬発力が要求される短期の調整、（2）数分から数時間の中期の調整、（3）8時間や数日分の長期の調整のそれぞれで、技術開発と実際の設置が必要となってきます。近年非常に伸びてきたリチウムイオンバッテリーは数分から数時間の中期の調整に適しており、ハワイ州でもカリフォルニア州でも4時間程度のシステムが相次いで設置されています。対して、超長期のエネルギー貯蔵はkWh当たりのコストが非常に重要です。96ページで見たように、カリフォルニア州で昼間余る400GWhの電力を夜間のために貯めようとすると、現在のリチウムイオンバッテリーのコストである$300/kWhでは＝1,200億ドル（400GWh×$300/kWh：13兆円）という膨大なコストがかかるため、これを一桁以上下げる必要があります。

　超長期の場合、エネルギー密度や瞬発力はあまり考える必要がないため、揚水発電、力学（重力）を用いる方法、圧縮空気を用いる方法、資源的に問題がなく廉価な素材だけで構成可能な方法等の研究開発が進んでいますが、筆者は2040年までの20年間に、出力が20GWでエネルギー量が約200GWhの廉価で超長期のエネルギー貯蔵が可能になればいいと考えています。エネルギー貯蔵に関する詳細は、拙著「米国におけるエネルギー貯蔵ビジネス[14]」をご参照ください。

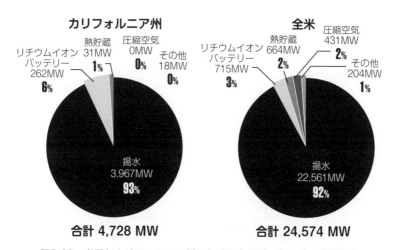

図3-23　米国とカリフォルニアにおける定置型エネルギー貯蔵装置

14）　https://www.technology4terra.org/marketreport

OTC発電所は2029年までにすべて停止へ

発電所でスチームの冷却に使い温まった冷却水（海水）をそのまま海洋に投棄している「OTC発電所」が、海水温度上昇の一因となっています。

カリフォルニア州にはこれらの「OTC発電所」が29か所あり、発電容量としては31GWと、同州の通常のピーク需要の35GWにほぼ相当します（老朽化して休眠しているガス火力発電所も多い）。

同州は、2010年から計画的に停止（廃棄）しており、2018年の時点で19か所の20.6GWが停まりました。これから残りの10か所を停めていきます。2020年末までに6.3GWを停止させ、その後、2030年まで9年かけて残りの3.8GWを停めていく予定です。

ちなみに「カリフォルニアは温暖」だと考えている日本の方が多いですが、アラスカから流れてくる寒流のせいで、サンフランシスコ近辺では夏でも泳げません。また、ラッコやサーモン等の寒流で生活する生き物が西海岸にはとても多いです。

温排水の海洋廃棄問題は、「脱炭素」ではありませんが、極めて大事な問題であり、かつ2045年のRPS100%に向かってガス火力発電所を止めていく動きと同期しています。なお、29か所のうちの2か所（2基×2＝4基）は原子力発電所で、そのうち1か所は、三菱重工の設計施工ミスで2012年に放射能漏れ事故（細管よりの冷却水漏洩）を起こし2013年に廃炉が決まり、廃炉作業が始まっています。まだ稼働中の1か所（2基）は、2024年/2025年に停止させ、その後数十年かけて廃炉する計画です。

2020年末の廃止が決まっているモス・ランディング火力発電所

跡地には567MW/2,270MWhのエネルギー貯蔵施設ができる予定。

カリフォルニア州のOTC発電所の所在地

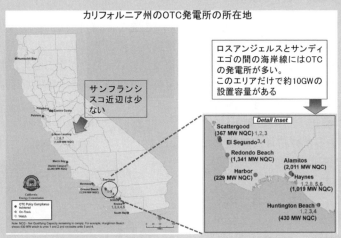

サンフランシスコ近辺は少ない

ロスアンジェルスとサンディエゴの間の海岸線にはOTCの発電所が多い。このエリアだけで約10GWの設置容量がある

カリフォルニア州の海岸沿いにある停止予定の発電所

（出典　カリフォルニア州政府発表資料）

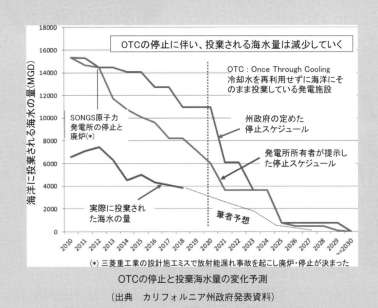

OTCの停止に伴い、投棄される海水量は減少していく

OTC：Once Through Cooling
冷却水を再利用せずに海洋にそのまま投棄している発電施設

SONGS原子力発電所の停止と廃炉（*）

州政府の定めた停止スケジュール

発電所所有者が提示した停止スケジュール

実際に投棄された海水の量

筆者予想

（*）三菱重工業の設計施工ミスで放射能漏れ事故を起こし廃炉・停止が決まった

OTCの停止と投棄海水量の変化予測

（出典　カリフォルニア州政府発表資料）

■ ガソリン車販売禁止のXデー！？

次にカリフォルニア州の運輸セクターを見ていきます。運輸セクターは、口絵9に示したように州の最大の温室効果ガス排出源（40%）になっています。運輸セクターの排出量をその種類ごとにグラフにしたものが図3-24です。乗用車（軽トラックを含む）28%、大型車両8.4%、航空機1.1%、船舶0.8%です。カ

リフォルニア州が2050年に温室効果ガス排出を1990年比で80%削減するためには、運輸セクターでの排出を大幅に減らす必要があります。

米国には、車がなくては生活できない地域が多く、一人1台が当たり前の感覚です。カリフォルニア州の運転免許保持者と登録されている車両数は、表3-4の通りです（2019年）。まさに一人一台です。

エミッションを全く出さない「電気自動車（BEV）」や、「水素自動車（FCEV）」は高価であり、また公共の充電インフラや水素充

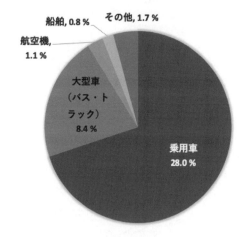

図3-24 カリフォルニア州の運輸部門における温室効果ガスの排出比率

図中の%は、カリフォルニア州全体の排出量に対する比率
（出典 カリフォルニア州政府発表資料）

表3-4 カリフォルニア州の運転免許と自動車に関する統計（2019年）

	項　目	人数および台数
1	カリフォルニア州の人口	3,956万人
2	運転免許保持者	2,713万人
3	登録されている乗用車と軽トラック数	2,600万台
4	登録されている大型車両数	844万台
5	乗用車の年間新車販売台数	189万台
6	うちプラグインハイブリッド車（PHEV）	4.6万台（2.4%）
7	うち電気自動車（BEV）	9.9万台（5.3%）
8	うち水素自動車（FCEV）	0.14万台（0%）

填インフラは整っていません。この「鶏が先か卵が先か」の関係の中で、カリフォルニア州政府はガソリン車を順次減らし、最終的には全廃する方針です。発電セクターで、電力会社への再エネ調達率（RPS）を義務化したのと同じ手法で、自動車メーカーへの義務づけでクリーン化を図ろうとしています。

■ ZEV規制とは

この義務付け（規制）は、カリフォルニア州内で一定台数以上の自動車を販売するメーカーは、その販売台数の一定比率（例えば、2021年型車の場合12.0%以上、2025年型車の場合22.0%以上）をZEVとする仕組みです。

なお、ZEVの定義ですが、2016年型車両までは、ハイブリッド車も燃費が良いということでZEVに入っていましたが、2017年型車からは含まれなくなりました。2020年現在は、プラグインハイブリッド車（PHEV）はZEVに入っていますが、もう少しすると含まれなくなるはずです。このように、ZEVの枠をどんどん狭めていき、さらにその比率を増やす制度設計になっています。この規制もあり、ZEVの普及率は、カリフォルニア州が全米の中で最も進んでいます。

ちなみに、近年、色々な種類のクリーンカーが登場し、各国で微妙にその呼び方が違っているなど混乱している面があります。ややこしくなっているその定義と名

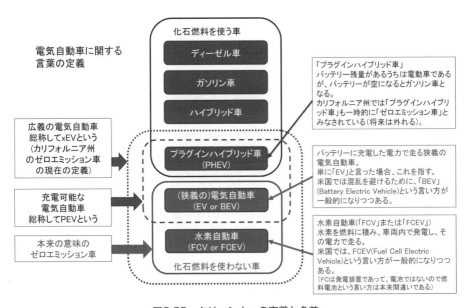

図3-25 クリーンカーの定義と名前

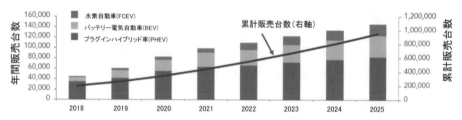

図3-26 カリフォルニア州におけるゼロエミッション車の販売義務台数（2018 ～ 2025年）
（出典 カリフォルニア州政府の資料に筆者が加筆）

前を図3-25にまとめました。これらBEV、PHEV、FCEVを総称してxEVとも言う場合もありますので、定義を整理しておくといいでしょう。

カリフォルニア州で自動車を販売する各社は、ペナルティーが高額であるため、ZEV車の販売台数を守るか、クレジットをテスラ社のような会社から購入するかをしています。

カリフォルニア州におけるゼロエミッション車の販売義務台数を図3-26に表しました。この通り進めば、2025年には累計で100万台のZEVが走っていることになります（カリフォルニア州で登録されている乗用車の4%に相当）。

なお、カリフォルニア州は1960年代に独自の環境規制を行って以来、それを州法化して該当企業に強制してきました。歴代の連邦政府もこれを「申請があれば、連邦法よりも厳しい条件を独自に策定することを認める（免除規定）」として容認してきました。しかし、トランプ政権はこのカリフォルニア州の免除規定は連邦法違反であり無効であるとし、2019年にこれをはく奪しました。これに対し、カリフォルニア州は連邦政府を訴え、2020年7月現在法廷で争われています。

■ ZEVの実績

カリフォルニア州における過去5年間のZEVの販売実績を見てみましょう。図3-27に示すように、100%バッテリーで走る電気自動車（BEV）は順調にシェアを伸ばし、2019年では10万台に達し、新車販売の5.3%を占めました。プラグインハイブリッド車（PHEV）は2015 ～ 2018年はシェアを伸ばしていましたが、2019年は2018年よりも販売台数が下がりました。水素自動車（FCEV）は、まだ本格的な売り上げには至らず、カリフォルニア州での2019年の販売台数は約1,500台です。これら3車種の合計が14万8,000台で新車売り上げの7.7%となりカリフォルニア州政府の目標の7%にかろうじて到達しました。

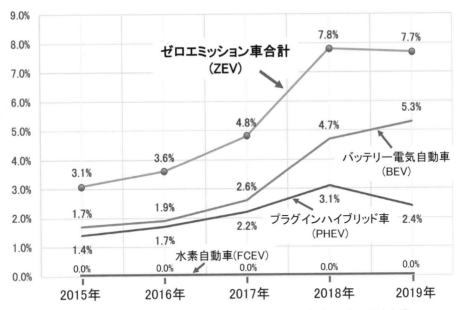

図3-27　カリフォルニア州におけるゼロエミッション車（ZEV）の販売実績
（出典　カリフォルニア州政府の資料に筆者が加筆）

■ ゼロエミッション化は進むのか？ ガソリン車販売禁止の「Xデー」は？

　カリフォルニア州の2019年のZEV（BEV、PHEV、FCEVを含む）の年間販売実績は約15万台ですが、これが今後年率18％で向上するという前提でシミュレーションしたグラフが図3-28です。この率で上昇を続けると、2035年に年間新車販売台数の100％がZEVになります（カリフォルニア州における年間の新車販売台数は約200万台です）。「ガソリン車・電気自動車に関わらず新車は12年で廃車になる」という前提で計算すると、2050年に登録台数2,500万台が全てZEVに置き換わります。

大型車のゼロエミッション化 ― 公共バス、大型トレーラー ―

　カリフォルニア州に登録されている大型車両は600万台で、州の温室効果ガス排出全体に占める比率は8.4％（図3-24）で、これらへの規制やゼロエミッション化への支援も進行しています。毎日、家に帰ってきて自宅で充電する自家用車と違い、運輸に使われるトラクター等の大型車は長距離走行が普通となり、荷物積載量は大きく車重が重いため、搭載するバッテリーの容量も大きく、高価となります。

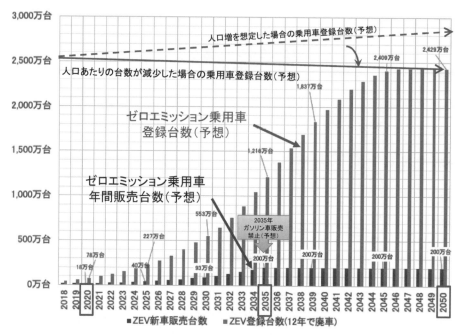

図3-28　カリフォルニア州のゼロエミッション車（ZEV）販売予想

公共バスの電動化

　運輸セクターの中で、大型バスは大きな割合を占め、例えば、カリフォルニア州には、1 万 4,000 台の公共バスが走っています。これらの公共バスは 2040 年までに全て ZEV にしなければいけないというルールを、2018 年 12 月にカリフォルニア州大気資源局（CARB：California Air Resources Board）が制定しました。

　ゼロエミッションバスはまだまだ高価であり、充電や水素充塡インフラの設置も大変であり、比較的小さな運営会社には初期投資的に辛い面もあります。ちなみに、2018 年 12 月時点のカリフォルニア州で運行されているゼロエミッションバスは132 台とのことですが、2019 年〜 2040 年の 20 年間で 132 台から 1 万 4,000台へと増やさなければいけません。仮に、これらのバスの平均寿命を 10 年とすると、毎年 1,400 台の買い替え需要が発生します。米国で電動バスを製造できるメーカーは限られおり、各社極めて繁忙で、注文残（バックログ）を何百台も抱えている現状ということです。

■ 大型トラクターの電動化 ― テスラ、ダイムラー、トヨタ ―

テスラセミ

　2017年11月23日、テスラ社は、電動トラクター[15)]「テスラ セミ」を発表し

ました。価格は、航続距離300マイル（480km）版は15万ドル（1,650万円）、500マイル（800km）版は18万ドル（1,980万円）だそうです。「テスラ セミ」は、トレーラー牽引用の電動トラクターで、牽引するトレーラーの有無にかかわらず時速60マイル（時速96km）まで5秒で加速し、最大総重量である8万ポンド（約36トン）でも時速60マイルま

図3-29　テスラ社の電動トラクター「テスラ セミ」

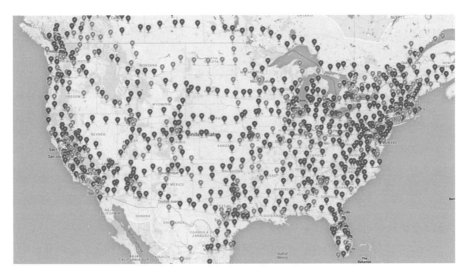

図3-30　テスラ社が展開しているスーパーチャージャー網

---

15)　ここでは、牽引される荷物車両を「トレーラー」、トレーラーを牽引する車両を「トラクター」、一台で両方を兼ねている車両を「トラック」と呼びます。

で20秒で加速可能と言われています。ちなみに、サンフランシスコからロスアンジェルスまでは片道が約400マイル（640km）なので、上記の500マイル（800km）の走行可能バージョンでは、途中充電なしで完走可能です。

ダイムラーのアプローチ

　ダイムラーは電動トラックを、2021年から量産すると発表しました。「eアクトロス」と命名し、2個のモーターを搭載、それぞれのモーターが、最大出力170hp、最大トルク49.5kgmを発生します。バッテリーは、蓄電容量240kWhの大容量リチウムイオンバッテリーを2個搭載し合計480KWh。1回の充電での航続距離200kmで、バッテリーの充電に要する時間は、3〜11時間。最大積載量は11.5トン。ダイムラーは量産に先駆けて、eアクトロスの試作車10台を2018年内に一部の顧客に引き渡し、試験運用を行っています。

　この他にも、輸送用車両を製造している会社が電動のトラックやトラクターを発表していますが、航続距離が200km、最大積載量が10トン程度の中型の配送用が多いです。

トヨタの水素トラック

　トヨタは、水素を充填・搭載し、フューエルセル（fuel cell）で発電しながら走行する大型商用トラックの実証実験を始めています。水素自動車の「MIRAI[16]」の水素発電スタック（発電機）2基と12kWhの駆動用バッテリーを搭載することで、約500kWの出力と、約1,800N·mのトルク性能を確保し、貨物を含めて総重量約36トンでの走行を可能にしたとのことです。通常運行における推定航続距離は、満充填時で約320kmを見込んでいます。サンフランシスコ—ロスアンジェルス間を一度の充填で完走できます。乗り入れる大型トラックの排気ガスが問題になっているカリフォルニア州の港湾施設（ロサンジェルス港）で、この水素トラックを用いた実証実験「Project Portal」が実施されています。

大型トラクター向けの充電インフラは？

　テスラセミに搭載されるバッテリーのサイズをテスラ社は公表していませんが、平坦地走行時のエネルギー消費（電費[17]）を「1マイル当たり2kWh以下（＝0.8km/

16）「MIRAI」…水素燃料を用いてフューエルセル（fuel cell）発電しながら走行する乗用車。筆者の周辺でも見かけるようになりました。水素充填ステーションも、近所に数か所あります。

kWh 以上）」としています。800km 走行可能なバージョンで単純計算すると、1,000kWh（＝800km÷0.8km/kWh）のバッテリーを搭載することになります。この 1,000kWh という巨大なバッテリーは、確かに今の電費では、800km を無充電で走行するためには必要です。しかし、バッテリー重量だけで約 6 トンとなり、充電時間も極めて長くなります。現在、テスラ社が展開しているスーパーチャージャーの充電率（出力）は 120kW であり、仮にこの率で充電すると約 8.3 時間かかることになります。テスラ社のマスク CEO はテスラセミの発表会で、「太陽光発電を利用し、セミのバッテリーを 30 分でフル充電できる『メガチャージャー網』を整備する」と言及し、セミ向けに電力を販売するとしました。1,000kWh を 30 分でフル充電するためには、2,000kW（2MW!?）の充電器が必要になります。

　これらのバッテリー充電や水素充填、太陽光発電施設を併設してオフグリッド（電力網につないでいない状態、電力の自給自足）で構築できれば、既存の電力インフラへの影響や新規の送電網投資なしで、クリーンな都市間輸送・移動が実現可能です。夜間の充電むけの電力貯蔵に水素を用いるのも良いかもしれません。その場合には、1 つのステーションで、水素と電力の両方が提供可能です。水素燃料で発電しながら走る水素トラックか、バッテリー電動トラックか議論が分かれますが、充填時間の短い水素トラックは一定の評価を得ています。

充電インフラと需給調整への貢献

　このような施設が、サンフランシスコからロスアンジェルスまでの 640km の区間に、まずは 2 ～ 3 か所、長期的には 10 か所の設置が必要となりますが、幸いこの高速道路沿いは土地も広く、太陽光発電好適地です。

　太陽光は昼間しか発電しないので、夜間の充電に対応しようとすると、巨大なバッテリーをそれぞれのステーションに用意しなければいけなくなり、収益性はかなり悪化します。また、発電施設とチャージャーの間にバッテリーを挟まないと、過発電分を捨てることになります。それでは、オフグリッドは諦めてグリッドに繋げ、電力の市場価格でも売買する…等、色々なオプションが考えられます。

　50MW ほどの発電所が州内に 100 か所程度できると、合計で 5,000MW（5GW）となり、貴重な発電リソースとなります。バッテリー併設で電力網につながると、系統運用機関にとっては需給調整用の貴重なリソースになります。

　米国西海岸の南端のサンディエゴ市から北端のシアトル市までは 2,000km あり

17）電費…電力量消費率。走行距離当たりの消費電力（kWh/km）、またはその逆数の単位電力量当たりの走行可能距離（km/kWh）を指す。この電費の改善が強く期待される。

ます。50km ごとにこのような施設が 1 か所できると仮定すると、計 40 か所が設置されます（図3-31）。

■ 車両のゼロエミッション化に伴う必要電力量の増加

車両のゼロエミッション化が進むと、必要電力量が増加します。カリフォルニア州には乗用車（軽トラックを含む）が 2,400 万台登録されており、一台当たりの年間平均走行距離は 2 万 3,000km です。2050 年の電費を 12km/kWh とすると 2050 年の年間電力需要は、46TWh/ 年（＝ 2,400万台 × 2 万 3,000km/ 年・台 ÷12km/kWh）となります。

大型車両は 600 万台登録されています。車体サイズによって電

メキシコ→米国の3州→カナダ
を結ぶ州間高速道路「I-5」

図3-31　メキシコー米国の3州ーカナダを結ぶ
高速道路

物流と人の移動の大動脈となっています。

費が異なるので分けて計算すると、2050 年には 140TWh 必要となり、乗用車と合わせると 186TWh 必要となります（図 3-17 参照）。現在（2020 年）のカリフォルニア州の年間電力消費量の 280TWh の 66％に相当します。

■ 公共交通機関の充実とラストワンマイルへの挑戦

運輸セクターの脱炭素化のもう一つの対策として、シェアリングカーや公共交通機関をもっと増やして、登録自動車数を大幅に減らす試みも進んでいます。また、公共交通機関が日本の都市部のような「面」になっていない地域では、「ラストワンマイル（1.6km）」が非常に大事になっており、これらの対策に地方自治体は、乗り捨て可能自転車やスクーターに力を入れています。ハワイやカリフォルニアの都市部ではそれらがあちこちで使えるようになってきました。

筆者の居所であるシリコンバレーでも、シェアリングカー・公共交通機関・乗り捨て自転車を組み合わせて使うことで、自家用車を所有しない人が出てきています。

都市内移動と配送はスマートシティの重要テーマ

　大都市、中都市、地方都市で大きく事情は異なりますが、都市内移動は、比較的近距離が多い通勤・通学・買い物・通院・レジャー・配達等を主な目的とし、頻繁に発生します。またそれぞれの都市には交通弱者も多数生活しています。この場合、ガソリン車をエミッションの出ない電気自動車や水素自動車に置き換えるだけではなく、トータルで住民の移動のニーズを叶え、かつ安全安心な街作りが求められます。

　エネルギー、特に電力のインフラを構築し直そうという活動を「スマートグリッド」と言いますが、移動やその他の都市の活動全体を含めた面での利便性の向上の行き着く先は「スマートシティ」であると筆者は考えています。

　米国では、多くのスマートシティプロジェクトが始動し、カリフォルニア州だけでも多くの都市が計画を進めています。その目的やアプローチはそれぞれで異なりますが、スマートシティの目標はダイナミックで将来性のある「都市のフレームワーク」を設計することにより次の6つを実現することです。

　　① ネットワークを活用して、都市全体の管理を改善する。
　　② 少ない資本投資で新しい収益源を生み出す。
　　③ 現在の住居の生活の質を改善、新しい住民を引き付ける。
　　④ グリーンイニシアチブと持続可能性を促進する。
　　⑤ 都市全体の運用効率を向上させる。
　　⑥ まったく新しいレベルの市民の安全を提供する。

　渋滞からの脱却、住環境の改善、セキュリティの向上、ゴミの低減、救急車両のスムーズな走行、街灯等の省エネ、効率的な配達、交通弱者の救済、ラストワンマイル手段の提供、犯罪率の低減など、AI や ICT[18] を駆使し、「住みやすい都市」の形成が可能なスマートシティへの転換が目標です。特に配送や移動を含めたモビリティ革命が注目されており、環境モニタリングやドローンを活用したサービス、無人運転など、都市ごとの課題に対応した多様なスマートシティ構想が打ち出されています。グーグルやマイクロソフトなどの企業も、自治体と連携してスマートシティ構想に参画しています。

---

18) ICT…IT（Information Technology情報技術）に情報・知識の共有といった「コミュニケーション」の意味を付加した言葉。

スマートシティコンテストでアイディアを競う

　図3-32 は、2015 年に米国運輸省が実施した都市内移動（モビリティー）に関するスマートシティのコンテスト「スマートシティチャレンジ」に応募した都市の一覧です。全米から 78 もの都市が応募しました。センサー、自動運転、ロボティクス、ビッグデータ、IoT などのテクノロジーを最大限活用し、都市の交通や移動において将来的に生じる課題を解決することをテーマとしています。

　最終選考まで進んだのは、サンフランシスコ、ポートランド、デンバー、オースチン、カンサスシティー、コロンバス、ピッツバーグの 7 都市。選考の結果、オハイオ州のコロンバス市が優勝しました。

　この計画の中で、同市は自動運転シャトルなどの導入を計画していました。シーメンス社がこの実証のために、車同士の通信、車とインフラの通信のためのハードウェアとソフトウェアといったコネクテッドカー技術を提供しました。またフォード社が実証プロジェクトに対して深く貢献していくことを約束しました。

　このコンテストが実施されたのは、2015 ～ 2016 年にかけてと少し古いですが、その後もスマートシティの業界団体が毎年主催するコンテスト、アマゾン社が主催するコンテスト等、スマートシティに関する活動が活発になってきています。アマゾン社がスマートシティへの関与や貢献を強めているところに、彼らの今後の方向

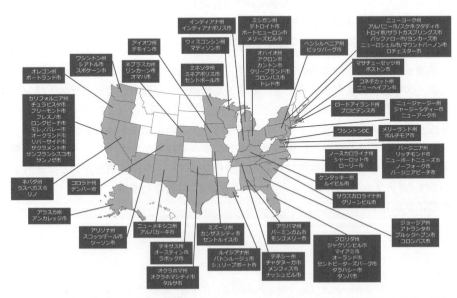

図3-32　米国運輸省が2015年に実施した「スマートシティチャレンジ」に応募した全米の都市

性が感じられます。

　米国の場合、すでにあるインフラを活用しながら、20 〜 30 年というスパンで、前述の目標を達成しようとしており、その際の重点項目はまさに「都市内移動（モビリティ）の根本的な改善」です。

　「公共交通機関＋ラストワンマイル＋シェアリング＋ ZEV ＋自動運転＋無人運転」が実現できれば、都市内移動の脱炭素化は一気に進むことになります。

■ 航空機のクリーン化

　グレタさんの問題提起以来、飛行機での移動の環境への影響に注目が集まり、「飛び恥」（第 1 章 6 ページ参照）という言葉をよく聞くようになりました。カリフォルニア州の温室効果ガス排出に占める航空部門の割合は 1.1 ％と少ないですが、燃焼時の温室効果ガスの空中への排出だけではなく、ジェット燃料の燃えかすが大気圏に浮遊して薄い層となって地球を取り囲み、地球環境の悪化に繋がっています。

図3-33　ライトエレクトリック（Wright Electric）社の電気飛行機予想図
（提供　Wright Electric社）

　クリーンなエネルギーで飛ぶ飛行機の研究開発は、ベンチャー企業や大企業の両方で進んでおり、エアバス社、ボーイング社、シーメンス社は、短距離路線で 70 人程度の乗客を運ぶ電気飛行機を今後 10 年以内に実用化可能だと考えているようです。しかし、数百人乗りの大型飛行機や、大陸間の 5 時間以上のフライトでの実現は今世紀後半になるだろうと筆者は考えています。

　ベンチャー企業としては、米国のライトエレクトリック（Wright Electric）社が有名です。当社の 2020 年 1 月の発表によると、新開発の 1.5MW の電動モーターと、3kV のインバーターを用い 186 人乗りの電動飛行機を 2030 年には就航させたいとしており、イギリスのイージージェット（EasyJet）社がパートナーとなっています。

　ノルウェー[19] では、2040 年までに、1 時間 30 分以内のフライトは化石燃料を

---

19) ノルウェーでは乗用車のゼロエミッション化も進んでおり、2020年3月の全乗用車販売台数18万台の内、ゼロエミッション車（ZEV）が11万台と58％に及んだ模様です。

使わない飛行機に置き換える計画を持っています。カリフォルニア州内のフライトもほとんど1時間30分以内なので、これらが実用化されると、ジェット燃料の需要も大幅に削減されます。圧縮水素燃料を搭載して発電しながら飛行する航空機の研究も進んでいます。

3-7 『鉱工業セクター』の脱炭素化

■ 『鉱工業セクター』の脱炭素化は他のセクターでの削減にも依存

カリフォルニア州の温室効果ガスの排出のうちの21％が鉱工業セクターから排出されています。今後、発電セクターや運輸セクターでの温室効果ガス排出量が減少すると、この鉱工業セクターの排出が目立ってきます。このセクターには、（1）地下資源（天然ガス・原油）の採掘・精製・輸送業、（2）鉄鋼業、セメント業、化学工業、機械製造業、窯業・土石製品製造業、パルプ・紙・紙加工品製造業、食品飲料製造業等が含まれます。

発電セクターや運輸セクターでの温室効果ガス排出量削減は、その排出者が大手の電力会社や自動車メーカーに限られ、また代替案もクリアなため、「規制」が可能です。しかし、鉱工業セクターは、排出者が多岐にわたり、中小業者も多く、産業構造的に代替手段が難しく、脱炭素化のためのコストが非常に高くなります。

カリフォルニア州政府の発表による2017年の鉱工業セクターよりの温室効果ガス排出の詳細は図3-34の通りです。（1）石油・ガスの採掘・精製・輸送に関わる排出と、（2）これらを工業分野で用いる際の排出に分かれ、それぞれ12％と9％です。なお、グラフ上の％は、カリフォルニア州全体の排出量に占める割合です。

前者（1）は、州内の各セクターでの石油・ガスの需要が減少すれ

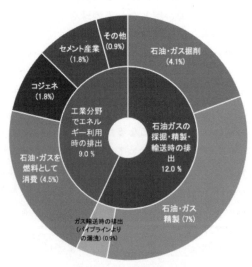

図3-34　カリフォルニア州の鉱工業セクターでの
温室効果ガス排出の内訳

（出典　カリフォルニア州政府）

124

ば採掘・精製・運搬必要量も減ります。米国で使われる石油の70%は運輸セクターで使われていますので、同セクターでのZEVの推進と密接に繋がっています。また、家庭や商業施設での暖房・給湯・調理のエネルギー源のほぼ半分である天然ガスをクリーンな電気に転換できれば、天然ガスの採掘・精製・輸送の必要性は減少し、必然的に鉱工業セクターでの排出も減少します。また、後述のアエラエナジー社のように、原油採掘時に自然エネルギーを用いるアプローチも重要です。

後者（2）は、各種の工業製品製造時に必要な高い温度の熱を、天然ガスや石油を燃やすことではなく、クリーンな電力で得ることが第一歩であると考えられています。しかし、そのような施設の導入費用、そのような施設までの高圧送電線の敷設費用、天然ガス燃焼で得るのと同じ熱量を電力で得るための毎月の電力料金等が大きな課題です。これらの鉱工業施設での熱の生成での、再エネ発電やグリーン水素の利用も期待されています。水素を用いた発電では、同時に熱も発生するので、この熱の利用も期待されています。

■ キャップアンドトレード制度

今まで述べてきた3つのセクター（発電・運輸・鉱工業）全体の温室効果ガス削減を数値で管理するために、カリフォルニア州では、2013年1月にキャップアンドトレード制度を開始しました。この制度は排出量取引の一つの手法で、あらかじめ個々の事業者に対して温室効果ガスの排出枠の上限（キャップ）を設定し、排出枠を割り当てられた事業者間での自由な売買（トレード）を認める制度です。キャップが未達の場合には罰則があります。

脱炭素を進めるためには、「規制」と「カーボンプライシング」のどちらか、または両方が必要ですが、カリフォルニア州におけるRPS政策やZEVルールは「規制」に相当し、「キャップアンドトレード制度」は「カーボンプライシング」に相当します（図3-35）。第1章24ページの図1-12も参照してください。

この制度の目標は、数値管理をしながら経過をモニターし、2030年の温室効果ガス排出量を1990年の40%減に抑制し、最終的に2050年までに80%削減することです。

カリフォルニア州の「キャップ

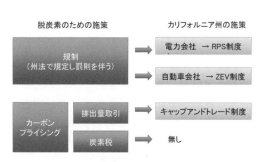

図3-35 脱炭素の一般的な施策と
カリフォルニア州での実施

表3-5　カリフォルニア州で温室効果ガス排出削減を要求される事業者

対象者	温室効果ガス排出量が二酸化炭素換算で年間25万トン以上の事業者 （約450の事業者が該当） 自主的参加も可能
規制されるセクター と規制開始年	発電セクター　　：2013年〜 運輸セクター　　：2015年〜 鉱工業セクター：2013年〜 燃料供給事業者：2015年〜
カバー率	州全体の排出率の85％をカバー
対象ガス	CO_2、CH_4、N_2O、SF_6、HFCs、PFCs、NF_3、その他の温室効果ガス

アンドトレード制度」は、表3-5に示したように、比較的排出量が多い、年間二酸化炭素換算で2.5万トン以上の事業者に限定していますが、それでも約450の事業者が該当します。すでにRPSやZEVで規制されている電力会社や自動車会社も含まれ、この450事業者の排出量の合計は、州の排出量の85％に相当します。

　目標以上に削減できるとその削減分（クレジット）を販売でき、逆に達成できないとクレジットを購入するか罰金を払うことになります。クレジットの売買が可能なZEV規制に似ています。直近の2020年2月に行われたオークションでは、二酸化炭素換算1トン当たり17.87ドルの価格となりました。

■ アエラエナジー社の取り組み

　カリフォルニア州最大の原油採掘量を誇るアエラエナジー社（Aera Energy LLC）は、その採掘にグラスポイント社の技術を用いた太陽熱と太陽光を用いると2017年末に発表しました。

　アエラエナジー社はロイヤル・ダッチ・シェル（Royal Dutch Shell plc）とエクソンモービル（ExxonMobil Ltd）の合弁子会社であり、カリフォルニア州産出原油の25％を採掘しています。そのアエラエナジー社の主な油田地帯であるベルリッジ油田は、州の中部にあるベーカーズフィールド北部に位置します。ロスアンジェルスとサンフランシスコの間を結ぶ州間高速道路の5号線（Interstate 5）や101号線を走ると、石油採掘リグがいくつも見える地域です。ちなみに、カリフォルニア州の原油採掘量は全米5位ですが、州内の石油需要の30％しか採掘できず、残りの70％を州外か国外からの輸入に頼っています。このベルリッジ油田は100年近く採掘を続けた古い油田で、カリフォルニア州の他の油田同様に石油は自然には流れ出てこなくなっています。

　アエラエナジー社は、1960年代より石油を貯留する岩に高温の蒸気を注入する

ことで石油を取り出しています。これは、石油増進回収法（EOR：Enhanced Oil Recovery）や、スチームフラッド法と呼ばれ、米国に限らず古い油田で用いられている手法です。得られる液体の95％以上は水分で、そこから石油をすくい取り、残りの水は再び蒸気として使われます。通常、この高圧高温の蒸気を作るには天然ガスを用いたボイラーが用いられますが、この燃焼の際に温室効果ガスを排出します。

図3-36　グラスポイント社の太陽熱を用いた蒸気発生装置

温室の中に樋型のスチーム発生装置を並べ、発生したスチームを採掘井戸に導入する。

（出典　グラスポイント社ホームページ）

今回採用されたグラスポイント（Glass Point）社の発表資料によると、その設備を導入することで、アエラエナジー社は850MWtに相当する高温の蒸気を太陽熱の利用で作成し（図3-36）、年間1,380億リットル[20]の天然ガスの使用を削減し、かつ年間38万トンの温室効果ガスの排出（8,000台の乗用車からの排出と同量）を削減することが可能になるとのことです。また、26.5MWの太陽光発電も同時に行う計画となっており、この電力は採掘に用いられます。

温室効果ガス排出を減らせたことによる経済的効果は測りにくいですが、2020年2月に行われた排出権オークションでの価格が二酸化炭素換算1トン当たり17.87ドルなので、年間約679万ドル（＝38万トン／年×$17.87/トン、約7億5,000万円）の節約となります。天然ガス購入価格削減の約1,000万ドル（年間11億円）と合わせると年間1,660万ドル（約18億5,000万円）の節約です。約8年で元が取れると見込まれ、今後天然ガスのボイラーを使わずにスチームフラッド法を使っての採油が可能となります。

また、排出権オークション価格は、排出量削減ノルマが今後厳しくなっていくに従って上昇すると考えられるので、先行してこれらの技術を取り入れる意義は大きいと考えます。

このように、産業分野や鉱工業分野での脱炭素は、高温や高圧蒸気の発生をガスボイラーに頼らずに、自然エネルギーを用いるという方向で、少しずつではありま

20）　天然ガス価格は、100万Btu当たり2ドル前後で推移していますので年間1,000万ドル（約11億円）の節約となります。

すが進んできています。もちろん、場所や自然エネルギーの制約もあり、どの場所でもできるわけではありませんが、ビジネスを行う場所の選択も含めて、産業の取捨選択が始まろうとしています。今まで「海岸沿いや川沿い」や「電気料金が安い」等がビジネス立地の選択肢であったのと同じように、「温室効果ガスの発生を防げる」という立地上の選択肢が、重要になってきます。

3-8 『商業・住宅セクター』における脱炭素化と天然ガス利用の今後

■ 天然ガスへの期待と風当たり ― 天然ガス利用の現状と今後

カリフォルニア州では、年間545億 m^3 の天然ガスが使われており、2018年のセクターごとの使用比率は図3-37の通りです。

このうち、発電セクターで使われる天然ガスが29%を占めますが、2035年に向かって急激に減り、最終的には2045年にゼロになる予定です。鉱工業セクターの使用が36%と多く、この削減が今後の課題であり、前節で見たグラスポイント社とアエラエナジー社のようなアプローチが広がることが期待されます。住宅向けは20%、商業向けは12%を占め、これに関しては後述します。

■ 天然ガスは「つなぎの燃料」?

表3-6に示すように、天然ガスは、化石燃料の中では燃焼時の環境汚染が最も少なく、発電セクター他で石炭に取って代わるにつ

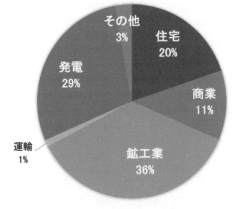

図3-37 カリフォルニア州におけるセクター別の
天然ガス使用比率（2018年）

表3-6 石炭を100とした場合の燃焼時の排ガスに
含まれる大気汚染物質の割合

	石炭	石油	天然ガス
二酸化炭素（CO$_2$）	100	80	57
窒素酸化物（NOx）	100	70	20-37
硫黄酸化物（SOx）	100	68	0

れて温室効果ガス排出量の総量が減少しています。

しかし、天然ガスの燃焼に伴う温室効果ガスは、少ないとは言えゼロではなく、100％のクリーン化を目指す米国の自治体では、天然ガスへの風当たりが強くなっています。天然ガスは主にメタン（CH_4）から成り、メタンが大気中に漏洩した場合の温室効果への影響は二酸化炭素の25倍に相当します。すなわち、燃焼時に発生する二酸化炭素だけではなく、ガスの探査・生産・パイプライン供給から生じるメタン漏洩が問題視されているのです。これらより、「そもそも、天然ガスを発電に限らず、産業、給湯、暖房でも使うべきでは無い」という主張が増えてきています。例えばカリフォルニア州のバークレー市は、2019年に住宅や商業ビルでの新築物件へのガス管接続を禁止しました。これを機に、ほかの地域社会でも似たような取り組みが相次いでいます。

米国の生産業者と加工業者に課されていたメタン排出制限の効果で、メタン漏洩が減り続けていましたが、トランプ米大統領が率いる現政権は、生産業者と加工業者に課されていたメタン排出制限を撤廃し、石油・ガスの配送と貯蔵に対する大気汚染規制の廃止を提案しています。トランプ政権は石炭産業同様に、天然ガス産業を保護しようとしていますが、天然ガス採掘や利用に対する風当たりは州レベルで強くなっています。このように、産業保護に動く連邦政府の政策と、生活環境の改善を優先する州政府の政策がぶつかっています。

この10年間、米国では、天然ガスを再エネが広く行き渡るまでの間に経済を一時的に支える「つなぎの燃料（Bridge Fuel）」としてきました。しかし、風向きが両方向に変わる気配を帯びてきています。

■ 家庭と商業セクターでのオール電化

さて、商業・住宅セクターの脱炭素化を見てみます。カリフォルニア州でこれらのセクターで使われるエネルギー量は、図3-38の通りです。住宅セクターでは天然ガスが電力の約1.3倍、商業セクターでは反対に電力が天然ガスの約2倍利用されています。比較のために、天然ガスのエネルギー量もTWhに換算しています。

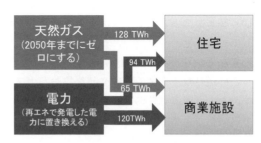

図3-38　カリフォルニア州の住宅と商業施設への
エネルギー供給量

■ 100%電化の難しさ

住宅・商業セクターでの天然ガス消費量の削減およびクリーンな電力による置換えは、簡単ではありません。カリフォルニア州に限らず、米国では暖房・給湯・調理のかなりの部分が天然ガスに依存していて、上記のバークレー市の様に新築住宅に限ったガス配管の禁止という処置は可能でも、既存の住宅向けの「オール電化」は難しいという問題を抱えています。

図3-39　筆者自宅（カリフォルニア州）のガス給湯器（左150リットル）とガス暖房器（右）

写真（図3-39）は、筆者のシリコンバレーの住居（築63年）のガス給湯器とガス暖房器です。タンク式のガス給湯器は10～20年に一度ぐらいは壊れるので、次回交換期に電気給湯器に取り替えることは可能ですし、電気式に切り替えると、州や市からの補助金が出ます。デマンドレスポンス[21]対応の電気給湯器にはさらに補助金が出ます。日本と違い、米国は湯をためる方式が多いので、電力会社の指示で間欠運転にしたり、オフピーク時に湯を沸かしておき、ピーク時には湯をわかさない等のデマンドレスポンス対応が今後主流になると思われます。

しかし、暖房をガスからヒートポンプ式の電気暖房に変えるには、かなり勇気が必要です。カリフォルニア州の電気代は0.25ドル/kWhと、高いと言われる日本と同程度かそれよりも高く、今後も上がることが予想され、これも躊躇の一因となっています。筆者宅の台所の調理もガスですが、これも電気式にするにはそれなりの切り替えコストと電気料金の上昇を覚悟しなければいけません。また、100%電化してしまうと、シリコンバレーで冬季によく起こる停電時に、暖房も給湯も調理もできなくなります。約10kWhの家庭用バッテリーでは「焼け石に水」です。

この辺りが、米国の家庭や商業施設がガスを電力に切り替える難点となっています。なお、筆者はこの家に引っ越してからの20年で、停電は年に数回ありますが、ガス供給が止まったことは一度もありません。ある面で、ガスは信頼の置けるエネ

21）デマンドレスポンス…卸市場価格の高騰時、または系統信頼性の低下時において、電気料金価格の設定、またはインセンティブの支払いに応じて、需要家側が電力の使用を抑制するよう電力の消費パターンを変化させること。

ルギー源です。

■ 家庭もマイクログリッドへ

　米国の比較的裕福な広めの住宅や寒冷地では、10〜20kW程度の自家発電装置を所有していることが多いです。例えば、ジェネラック（Generac）社は米国における自家発電装置のトップメーカーで、10kW程度の家庭向け装置を約3,000ドルで販売しています。ジェネラック社の装置は停電を自動で検知して発電を自動的にスタートし、電力が復帰したら自動的に運転を止めます。これで、停電時（多くは冬の嵐の時）に家の人が自家発電装置を起動しに嵐の中を屋外に出る必要がなくなります。

　このように、100％電化する場合には、何かしらのバックアップ装置が必要です。特に、北部の寒冷地や山間地では、生死に関わります。商工業施設でのマイクログリッドへの移行と同様、住宅をオール電化する際に、屋根上の太陽光発電、太陽熱温水器、家庭向けバッテリー、自家発電装置等を含めて、マイクログリッド化するケースが今後増えそうです。マイクログリッドとは、施設内の太陽光発電、蓄電池、発電機などの分散電源と施設内の負荷（需要）を制御し、その施設内の電源の品質を維持すると同時に、外部の電力系統とも連携し、電力の最適利用を図るシステムのことです。電力系統がダウンした時には系統から切り離して（アイランド化と言います）独立で運転可能です。

　効率の良いマイクログリッドをどのように構築するか、これらを制御しかつ複数のマイクログリッドを統合するかが、これからのビジネスチャンスです。

3-9　独自路線を進むハワイ州の脱炭素化

■ ハワイである理由　― 急速に進む環境の変化 ―

　ここでもう一つの例として、ハワイ州の状況を紹介します。カリフォルニア州は面積がほぼ日本と同じで、人口も4,000万人、GDPも国としてみた場合に5位に位置しますが、ここで取り上げるハワイは人口140万人で、いくつかの島からなる島嶼州です。

　しかし、エネルギー政策に関しては、全米のトップを走っています。それは、海水面上昇によって住むところがなくなるのではという恐怖と、石油火力発電に頼る州経済の脆弱さと、観光で立地する産業構造とが入り混じった動機であり、日本も学ぶ点が多いと言えます。発電セクター、運輸セクター、商業セクター、リゾート、

ホテル、軍、学校等が脱炭素化に向かって進んでいます。また、これらの各セクターでのマイクログリッド化が急速に進んでいるのも特徴です。

ハワイでは、道路の冠水や海水面上昇による住宅への侵食が、現実的に起こっています。ハワイ大学が主導した研究では、地球温暖化に伴い、ハワイの海水面は今世紀末までに約0.9メートル上昇し、同州の海岸沿いの土地の多くが浸水し6,000か所の建物が冠

図3-40　海面上昇で歩行禁止となった遊歩道
（筆者撮影）

水し、2万人もの人々が慢性的な洪水に悩まされると警告しています。ハワイ州が単独で頑張っても、地球の温暖化と海面上昇が止まるわけではないですが、これらの恐怖心が日常生活の中で、「なんとかしなければ子供世代や孫世代にハワイを引き継げない」という気持ちをかきたてています。

図3-40の写真は、海面上昇により閉鎖され通行できなくなったワイキキビーチ沿いの遊歩道です。

■ クリーンエネルギー化を原動力に

ハワイにおける発電セクターでの脱炭素化の目標は、州法で、2030年に40%、2040年に70%、2045年に100%と決まっていますが、ハワイ電力は、それよりも早く実現しようとしています。2018年の島ごとの再エネ発電比率を図3-41に示します。マウイ島は大型風力発電が電力の供給に貢献しています。ハワイ島は地熱発電が貢献していましたが、キラウエア（Kilauea）火山の噴火による溶岩で2018年5月よ

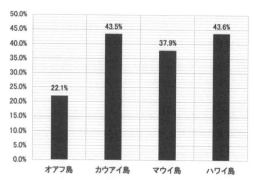

図3-41　ハワイの各島の再エネ発電比率（2018年）
（出典　ハワイ州政府の発表資料を元に筆者作成）

り停止中です。この地熱発電は 2020 年 5 月時点で再稼働準備中で、再開すれば3.7％向上します。人口の一番多いオアフ島の再エネ発電率が一番低いですが、2019 年には 25％を達成、今後 5 年で 40％を達成する見込みです。

　発電セクターで脱炭素化が加速される主な理由は、次の 4 つが挙げられます。

① 現在のハワイ州での発電のほとんどが石油火力発電にて賄われている。

② そのため発電コストが原油の価格に依存しており全米一高い。

③ これらの火力発電所は海岸線沿いにあり、ハリケーンや津波で一気に壊滅するリスクが高い。

④ それ以外のインフラも老朽化しており、一度全面的に作り直すぐらいの気持ちが必要。

■ カギを握るのは「太陽光発電とバッテリーの併設」

　2019 年にハワイ電力により公募が行われ、多数が応募した中で 7 件のプロジェクトが選ばれ、州政府が承認しました。注目したい点は、次の 3 つです。

① 全て 4 時間のバッテリーとの併設であり、太陽が出ている間しか発電しないという太陽光発電の欠点を解決している。

② それにも関わらず発電事業者とハワイ電力間の売電契約価格が $0.08-$0.12/kWh と極めて低価格である。

③ 火力発電所と同様にハワイ電力が電力の供給をコントロールできる。

　これらの施設はこれから 3 〜 5 年かけて建設され 2023 年ごろより発電が開始されます。なお、現在のハワイ電力の石油火力発電所からの買電コストが 0.10 〜0.14 ドル /kWh なので、これらよりも安くなっています。

■ 島嶼では電圧・周波数の変動の抑制が大事

　カウアイ島では、2019 年になって連続数時間程度、自然エネルギーによる発電が島の電力の 100％を供給するようになりました。自然エネルギーからの発電が100％になると、同期型発電がゼロとなるために慣性力が失われ、電力網の安定性が損なわれます。この数時間、カウアイ電力で系統運用を担当している部署は、おそらくヒヤヒヤだったと思います。太陽が雲に隠れるたびに発電量は減り、雲から顔を出すと発電量が戻るということを繰り返し、その度に周波数や電圧が上下します（なお、カウアイ電力の持つバイオマス発電機と水力発電機は慣性力を持ちます）。慣性力の低下というような、新しく顕在化してくる問題への先行的な研究や

フィールド試験が大事になってきます。

■ ハワイでは運輸セクターが脱炭素化の大きなターゲット

電気自動車と電動バス

　ハワイ州とカリフォルニア州のセクターごとのエネルギー消費の割合を図3-42に示します。ハワイでは州で使われるエネルギーの52%が運輸セクターで消費されています[26]。

　ハワイでは、電気自動車やプラグインハイブリッド車の導入も進んでおり、人口一人当たりの導入率はカリフォルニア州に次いで2位です。各島とも比較的狭いので自宅での充電でほぼ用が済みますし、ガソリン代も高いので今後急速に普及すると思われます。

　自宅での充電に必要な電気料金は $0.33/kWh と全米一高いですが、比較的広い一軒家に住み自宅の屋根に太陽光発電施設の設置が可能で、そこからの電力で充電可能な富裕層を中心に導入が進むと思われます。ちなみに、オアフ島の一軒家における太陽光発電設置比率は33%と全米で一番高いです。

　乗用車以外の大きな課題はバスです。観光地のワイキキ周辺と、空港を結ぶ高速道路を走行するバスは相変わらずガソリン車かディーゼル車で、排気ガスや騒音が凄まじく、クリーン化が強く望まれています。最近、一部で電動バスが始まりました。写真（図3-43）は、ANA が運行している100%電気バスで騒音も無く、極め

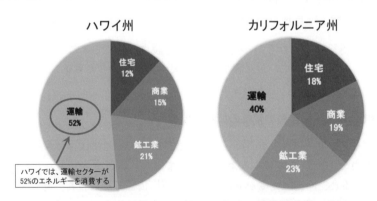

図3-42　ハワイ州とカリフォルニア州のセクター別のエネルギー消費
（出典　EIA）

26）　発電セクターが消費するエネルギーは、それぞれのセクターが電力として消費するエネルギーに含まれます。

て快適です。

公的交通機関の整備とラストワンマイル

　前記のように、ホノルルの交通渋滞はとてもひどく、通常なら約20分のワイキキから空港まで、朝夕のラッシュ時には1時間以上かかります。車やバスに頼らない公共交通機関の建設が強く望まれていましたが、長い議論の結果パールハーバーの西側の再開発地

図3-43　ワイキキ（オアフ島）を走る
全日空（ANA）の100％電動バス
（筆者撮影）

域と、空港とホノルルダウンタウン（アラモアナセンター）への電車を建設中です。この電車が完成すると、パールハーバー西側の再開発地域だけではなく、ワイキキからホノルル空港への足が整備されガソリン消費が減り、空気汚染も改善されます。脱炭素化には、このような公共交通機関の整備が非常に大事になってきます。

　また、ラストワンマイルの足として、レンタル自転車がワイキキのあちこちで利用できる様になっています。スマホを使ってどのステーションに何台停まっているかの検索や解錠が可能で、観光客や地元の人たちの便利な足となってきています。

　2020年5月時点で設置された自転車は1,300台、利用登録者は1万3,800人、

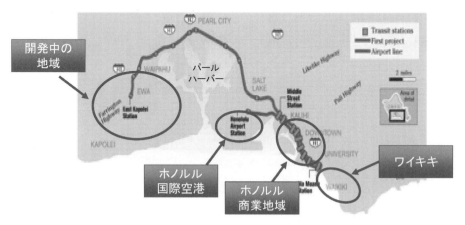

図3-44　オアフ島で建設中の電車
（出典　ハワイ州政府）

サービスステーションは130か
所、1か月の利用回数は10万回
に達しています（図3-45、3-46）。

図3-45　ワイキキで利用が始まったレンタル自転車
（出典　BIKIホームページ）

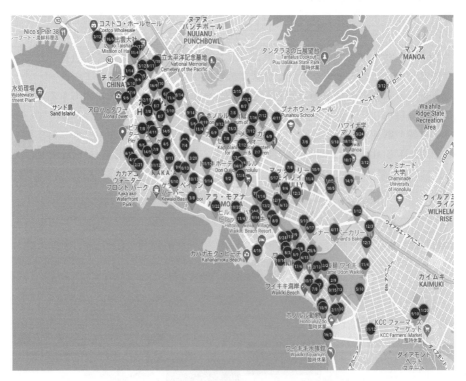

図3-46　ワイキキの自転車レンタルラックの配置場所

　米国と日本ではそのエネルギー自給率や政治体制等に大きな違いがありますが、米国の動きはたいへん参考になります。この第3章で見てきた米国の状況と日本の学ぶべき点をまとめましょう。

（1）　脱炭素化は連邦政府よりも自治体主導へ

　今後は、国家レベルではなく、自治体が主導することが大事です。ハワイも、それ自身が排出する温室効果ガスは少ないのですが、その取り組みが発するメッセージはとても大きいです。それぞれの地域の特徴を生かした脱炭素への取り組みが重要となります。日本でも、脱炭素を通じて、自治体を元気にする取り組みが増えてきたのは、世界の動きと同期しています。

（2）　脱炭素化に伴う「問題点の解決」がビジネスチャンス

　米国でも他の地域でも、当面は、発電セクターの脱炭素化がメインになります。発電セクターの脱炭素化に伴う各種の問題点の解決が大きなビジネスチャンスと言えます。分散電源化、双方向化、変動調整、デマンドレスポンス、バッテリー、マイクログリッドの構築と統合等、ビジネスチャンスが大きく広がっています。再エネ発電の卸値が下がってきている分、これらのインフラ整備コストや新しいサービスへの配分が進むでしょう。今後、再エネ化にとどまらず、「デジタルトランスフォーメーション（Dx）による脱炭素化」「そのためのインフラ作りとプラットホーム化」が大きなテーマになります。

（3）　「発電セクター以外」がこれからの課題

　日本ではまだ「脱炭素＝再エネ発電」が主なトピックスですが、米国の先進州では次のステップに進んでいます。特に、運輸セクターと鉱工業セクターは、温室効果ガス排出量が多いだけに、ターゲットとしての効果も大きく、米国に限らず欧州での関心もこちらに移りつつあります。

（4）　民間企業は、総合的な脱炭素化への取り組みが求められるようになる。

　米国の大手企業が音頭を取り、日本企業も推進しだした「RE100」も「使用電力の再エネ化が中心」ですが、実態は「クレジットを買ったうえでのkWhの帳尻合わせ」となっています。しかし、今後は、①電力以外の脱炭素化、②クレジット

やkWhの帳尻合わせではない真のRE100、が大きな課題となるでしょう。受け身ではなく、能動的にこれらを解決していく必要があり、かつそれらがビジネスチャンスに結び付くのです。

　なお、商業施設や住宅での脱炭素化、エネルギー管理（HEMS）、二酸化炭素回収技術、デジタルトランスフォーメーションによる脱炭素化等、他にも面白い話題がたくさんあるのですが、紙幅が尽きたので、これらは別の機会に。

マイクログリッド化した**マイクロブリューワリ**で **マイクロ泡**の**マウイビール**を

　マウイ島のマウイブリューイングカンパニー（Maui Brewing Company）にお邪魔し、先進の「太陽光発電＋バッテリー＋自家発電＋二酸化炭素回収」を見学してきました（2019年11月）。

　導入責任者のRussell氏によると、導入のポイントは下記。

① ビールを安定的に醸造するためには、かなりの電力が必要

② マウイ島の電力料金やデマンドチャージはとても高い

③ マウイ島では停電が多いが、停電が発生すると醸造中のビールを廃棄しなければならずその損失は甚大（この仮想損失額を基準に経済的効果を考える）

　これまではマイクログリッドというと大学、軍、刑務所等が多かったですが、米国（特にハワイ）では、このような経済効果を考えたマイクログリッドが増えてきています。

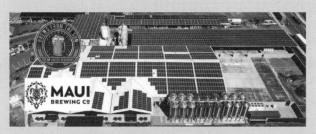

屋根の上の太陽光発電（1.2MW）

テスラ社のバッテリー（3MWh）

Russell氏（写真右）と筆者（左）

第4章 対談：「脱炭素」で変わる社会、訪れる未来！

　第4章は、執筆者3人による対談をまとめました。脱炭素社会に向けた3人の提言に加え、新型コロナウイルス禍に直面している現状を踏まえて、これからの私たちの生き方、働き方、エネルギー業界の未来にどのように影響を与えるかをテーマにオンラインで対談を行いました（対談日　2020年4月下旬、進行：江田健二）。

■ 海外から見える日本への示唆　— モヤモヤ感をなくそう！ —

江田健二（第2章執筆。以下、江田）：私は第2章でミレニアム世代について触れましたが、松本さん、阪口さんはこの書籍の執筆を通してどのようなことを感じましたか？

松本真由美（第1章執筆。以下、松本）：2030年代以降は、ミレニアム世代、若い世代が主力の時代になってくるわけですよね。彼らをパートナーとして、自社の取り組みをストーリーとして考え、今後の製品づくりに生かすことが大事になりそうです。

阪口幸雄（第3章執筆。以下、阪口）：そのためには井の中の蛙にならずに世界ではどのように進んでいるかということをちゃんと知ってほしいという気持ちがあります。米国やカリフォルニアやハワイで今進んでいることって、なかなか日本に伝わっていないと思う。カリフォルニアは国として考えるとGDPが世界5番目相当なのですが、そのカリフォルニアが州で方針を決めて、自分の意思でどんどん前向きに脱炭素化を進めています。そういうことを日本の若い人が知ってくれると、勇気づけられるんじゃないかなと本当に思います。

松　本：実際に大学で学生たちと接していると、私の学生当時の頃と比べると、社会的な課題の解決など、日本のみならず世界の視点で考えようという若者たちも、少なからずいるなと感じています。そうした彼らにも、この本がメッセージとして伝わればいいなと思います。

江　田：アメリカに長く住んでいる阪口さんから日本への示唆やアドバイスはありますか？

阪　口：カリフォルニア州は、2000年に勇み足や制度設計の失敗からエネルギー危機を起こしたり、去年（2019年）は計画停電が頻発したりとか、いっぱい失敗しています。今は、2045年の再エネ発電100％と、2050年のパリ協定実現を目指しており、ある面では不安はいっぱいです。だけど、モヤモヤ感がない理

由はみんなが危機感と目的と情報と実現した際のメリットを共有しているところかなと思います。

江　田：ビジョンや危機感をしっかりと共有できて、しかもリーダーがそれを発信することが大事ということですね。

阪　口：はい。カリフォルニア州でもハワイ州でも、目標、効果、デメリットをはっきりさせ、合意を取ったり議論しながらやることによって、道筋が非常にはっきり見えてきています。州政府がパリ協定に従わなければいけない義務は何もない

江田健二氏

です。でも、GDP世界5番目のカリフォルニアと、小さいけど島がなくなる恐怖感でいっぱいのハワイが、これらの目標を定めて、一緒に率先して推進している点は、大事でかつ勇気付けられるメッセージだと思うんです。

江　田：リーダーがしっかりビジョンを示している。加えて、ビジョンを市民に丁寧に説明することで、全員が同じ方向を向いている。しかもそこで出されている数値的目標がリアルだからみんな頑張れるということですね。ただ、そうすると不利益を被る方も出てくると思います。

　日本はどちらかというと不利益を被る方のことを優先して考えてしまう傾向にあります。そういった問題に対する調整やリーダーシップがカリフォルニア州などの海外は優れていると思いますが、どうして出来るのでしょうか？

阪　口：普通に生活している分には、電力会社が再エネ発電を100％にしたり、州全体で温室効果ガスを80％低減させるっていう発想はあんまりピンとこないですね。まあ、停電が増えたり、電気代がめちゃくちゃ高くなったりすると困りますけど。

　産業や会社や職種によっては、この変化で不利益を被り、対応できなければ退場しなければいけないところも出てきます。アメリカはその点はっきりしていて、例えば、排出量を減らせない会社はキャップ＆トレードでクレジットを買わなきゃいけないのですが、買えないとか、買うと競争力がなくなるとかだと、それはあなた方のやり方がおかしいんですよ、世の中というかビジネス環境はそういう方向に変わっているんです、それらに対応する十分な時間的余裕をあげているはずですと、かなり上から目線で押し切られるところはあります。この辺、かなり理想主義的というか、フェアプレイ精神を重んじるというか、厳しさを感じま

す。

松　本：米国の州政府がトップダウンで施策をど
んどん進めているのは、米国と日本では、社会
システムがやはり違うのだなと感じます。日本
の場合、緊急事態時の対応は別として、通常は、
施策の方向性や案は、行政側が事務局を務める
審議会や委員会、研究会などで、有識者や業界
団体、消費者団体を交えて議論し、ボトムアッ
プで積み上げて、ちょうどいい落としどころに
着地します。でも、そのあたりのスピード感が
施策を進めるうえではネックになるとも感じます。

松本真由美氏

　それから、日本特有のハンコ文化も、新型コロナウィルス感染症（以下、新型
コロナ）の拡大で改めて考えさせられました。外出自粛にもかかわらず、ハンコ
を押すために出社しなければならない状況に、電子認証システムなど ICT（情報
通信技術）の技術開発で、日本が立ち遅れていることを痛感しました。

江　田：ほんとそうですよね。何かを実施した場合、様々な立場の方がいるので、
不満を持つ人もいると思いますが、方向性が決まると一致団結して進み始めるの
がうらやましいと感じました。その方がもちろんスピード感もありますし。日本
はどちらかというと現状維持だったり、今の制度で利益を得ている方に対して、
気を遣いすぎなのかもしれませんね。

　逆にアメリカは、ルールは明確にするからその中で生き残れるかどうかはあな
たたち次第だよと。つまり社会として強くなることを優先していると感じます。
会社の倒産は悪ではなく、どんどん新陳代謝していくものだと。日本は 50 年と
か 100 年続く会社が伝統的に良しとされる文化がありますから、考え方が真逆
ですね。

阪　口：日本ってそういう意味では、どんな会社も潰しちゃいけない的なところが
あるじゃないですか。アメリカだって潰していいとは言わないんだけど、やっぱ
り循環してるというか。例えば昔大企業だった会社が社会の変化への対応を間
違って今はないとか、どっかに買収されちゃって消えたとかいう例が日本よりは
るかに多いです。

　温暖化対策に関して言うと、このままだったら気温が 2℃上がり、海水面が上
昇し、異常気象が頻発し大問題になる、真剣に持続社会を作るようにしないと手
遅れになる、というのがヨーロッパや先進国の危機感じゃないですか。日本だっ
てそう思ってないわけじゃないんだけど、どうしても「明日は今日の延長」「それっ

て政府が考えることで今は目先のビジネスに忙しい」的なメンタリティーを感じます。米国でも一般の人たちは目先のことしか考えない人が多いですけど、だから政治なりビジネスリーダーが常に発言して、リーダーシップを取らないといけないですね。リーダーシップをとれない人はリーダーになっちゃいけないです。

阪口幸雄氏

松　本：そうですね。欧州は政治的な理念や理想をもって施策の実現を目指していますが、阪口さんのお話を伺い、米国も施策を進めるうえで理念を大事にしていることを感じました。

江　田：学ぶべきとこが多々あります。日本社会全体も当てはまりますし、読者の方にはビジネスマンや経営者の方も多いと思いますが、自分の会社だけであれば海外を参考に変えていくことができたりするじゃないですか。ちゃんとリーダーがビジョンを示せば不利益な人にある程度手厚くすることだってできるんだなと、うちの会社もそうすればいいのかなと思いながら聞いていました。

阪　口：電力自由化や再生可能エネルギーに関して言えば、日本はカリフォルニアに比べて 10 〜 20 年遅れていると思います。でも、それは長い時間の流れで見れば、別に悪いことじゃなくて、日本はすぐ追いつくとは思います。日本の良い所は、みんなの総意の下でやるとなるとその後は結構すごいと思っています。それに、日本の停電率はカリフォルニア州から見たら驚愕の低さです。

江　田：そうですね、早いですね。そのあとは無我夢中でやる感じですね。

松　本：日本企業は政府の施策の方向性が決まれば、素早く動き出します。ですから施策の方向性の見極めがとても重要になるわけです。しかし、脱炭素化は、未来のありたい姿から今を考えるバックキャスティングの発想が求められていますので、日本企業には時代を先取りした取り組みを期待したいです。

阪　口：今すでに 2020 年じゃないですか。カリフォルニアで電力危機が起こったのが 2000 年から 2001 年にかけてです。私はその当時すでにシリコンバレーに住んでいましたが、あれはひどかった。あのカリフォルニア電力危機からここまで実に 20 年かかってるんです。なので 2045 年や 2050 年って言ったら、今年生まれた赤ちゃんが、25 歳とか 30 歳になるころにやっと結果が見え出してくるというタイムスパンになります。

日本は遅れてはいるけど、ウサギとカメのように、気が付いたら日本がカリフォルニアを追い越していたということも、大いにあり得ます。だからそのためにも、江田さんが言っているようなミレニアムズだとかジェネレーションＺが頑張って欲しいなと。

■ Withコロナ、Afterコロナ時代の新しいエネルギーの形は？

江　田：タイムリーな話として、With コロナについてお聞きします。今すでに経済には影響が出ています。例えば石油がマイナス価格になったり。With コロナは、今までとエネルギーについても考え方を変えていく必要があるのではないかと感じています。松本先生から、今出始めてる影響含めて今後の影響や、その影響による方向性、10 年後どうなっているかについて思われていることを聞かせてください。

松　本：4 月 20 日にニューヨーク原油先物市場（WTI）の価格が 1 バレル当たりマイナス 37.6 ドルと史上初めてマイナス値を記録しましたね。新型コロナの感染拡大で経済が停滞する中、5 月渡しの原油は需要がなく、貯蔵するスペースもないということでマイナス化してしまいました。

　まず当面は、原油価格があまりに不安定だと企業も事業計画が立てられないですし、日本の場合ガソリン価格は大きく下がっても、それと連動して電気代などが大きく価格を下げることになるとは思えません。インフラ企業はかなり先までエネルギー調達の長期予約をしているからです。原油価格の急激な下落も上昇もよくないことなので、ある程度安定化させなければならないことが喫緊の課題だと思います。原油価格が急落してしまうと、原油市場への投資も入ってこなくなり、エネルギー業界全体にとっての不安定な要素になります。

　こうした事態に直面すると、10 年先のエネルギー情勢を見通すのは、ますます難しく思われます。しかし、新型コロナへの緊急経済対策で財源は厳しくなっていますが、温室効果ガスの排出削減など長期的な政策目標にもかなう形で、脱炭素化のカギになるエネルギー普及策や制度、技術開発は進めていかなければなりません。今の取り組みが、中長期の成果につながると思います。

江　田：阪口さん、米国のメディアでは、シェールオイルの件もあると含めてどのような報道がされていますか？

阪　口：米国というのはエネルギー自給率がほぼ100％（2020 年 2 月で99％）で、石油もほぼ自給可能であり、日本や他の国とは事情が違い、危機感は少ないと思います。エネルギーの輸出入もしていますが、それらがほぼ同量というのは立場的には強いです。ただし、ウオールストリートとかサンフランシスコのファイナ

ンシャルディストリクトの人たちは、これでどうやったら儲けられるのか、損を しないのかという感覚で、今回の原油価格のアップダウンを気にしているように 感じます。一次エネルギーにお金をはっている機関投資家やエネルギー企業は多 いですから。

　そしてカリフォルニアも、実はけっこう原油を採掘しています。カリフォルニ アでは 3,000 万台以上の車が走っていますが、そのガソリンの 30％ はカリフォ ルニア州内で自給しています。採掘量は全米 5 位です。ただ、それでも 70％ は 他州から輸入しているわけですから、州としての自給率は低いです。カリフォル ニア州では、ガソリン車の販売を 2035 年には禁止すると思っていますが、これ は温暖化対策であると同時に、エネルギー自給への一歩だと感じています。 1970 年台のオイルショックの時のひどい状況を覚えている人も多いですから。

江　田：ありがとうございます。再生可能エネルギーの分野でも少なからず、影響 はあるようです。例えば、太陽光発電などへの投資が減ってしまうのではないか と心配している関係者もいます。一時的には、投資が減ることもあると思います が、今回の新型コロナ危機が起こったことによって集中発電のリスクも浮き彫り になったのではないでしょうか？

　例えば、災害時にこれまでのように人が集まれないような状況だと電柱や発電 所で起こった事故の対処もできないと考えると、地産地消的なエネルギーにこれ まで以上に注目が集まってくると思います。お二人は再エネに関して新型コロナ が与える影響についてどう思われますか？

阪　口：着工済みや計画中のプロジェクトには数か月とかの遅れが出ると思います。 キャッシュがタイトな開発業者には、数か月の遅延は痛いと思います。ただ、化 石燃料に戻ることはないと思いますので、いかにこの苦境をサバイブするかです ね。開発業者の再編につながるかもしれません。地産地消に関しては、その通り だと思いますが、全部が全部地産地消にはできないので、バランスが大事だと思 います。米国では、この 5 年でマイクログリッドが急速に増えていますが、こ れも何かあった時の備えだと思います。新型コロナの状況とかを見ていると、い ろいろな意味での自給率って大事であり、エネルギーに関するこのパラダイムシ フトを早く完了させなければと思います。

松　本：新型コロナ感染拡大の影響によって経営状況が悪化している企業は多いの で、例えば、再エネ発電事業に投資しようと計画していた企業が投資できなくなっ たり、計画を延期することは起きるのではと思います。ただ再生可能エネルギー 主力電源化という日本政府の目標は、新型コロナ発生後も施策に変更はないと思 います。

江　田：例えば、FITの太陽光発電所を持っていた企業も手元のキャッシュが必要な理由から、発電所を売却しようとしているという動きもあるようです。再生可能エネルギーの施設が特定の企業に集約化されていくのでしょうか。

松　本：そうですね、集約化される可能性はあるかもしれません。今回、新型コロナの感染拡大や原油価格が急落したことで、投資家が現金確保のため、株や債券の売却に走ったという動きもありましたね。

江　田：今年はオリンピックがある予定でした。加えて、天気の予測として暑くなるという予想もあり、新電力の多くが相対取引で電力の仕入れ契約をしていました。つまり新電力の大手は、マーケットに依存すると夏の期間に逆ザヤになる可能性があったので、発電会社と相対契約を結ぶことでリスクヘッジをしていました。相対契約ができなかった小規模新電力会社は今、JEPX（電力卸市場）から電力を仕入れているわけですが、JEPXの価格が新型コロナの影響もあり、非常に安い状況です。これまでにないぐらい安い時間帯もあり、小規模新電力会社が安く電力を仕入れることができるという状況になりました。

松　本：新型コロナによる経済停滞により、電力スポット価格が大きく下がってしまったわけですね。

江　田：そうですね。時間帯によっては、以前の半分以下の値段で推移していたりと。原油と一緒で需要の減少により市場のマーケットの価格が下がったので、マーケットから仕入れられる電力会社が今一番価格が強くなってますね。相対をうまくできなかった電力会社から、相対取引をしていなくてよかったという声を聞いて、未来予測の難しさを痛感しました。

松　本：相対契約というビジネスモデルが、こうした有事の際にはネガティブな影響を受けてしまうわけですね。

阪　口：アメリカの場合は、卸のマーケットに振り回されることはあまりないですが、それでも太陽光発電が増えてきたので、昼間の価格にマイナス価格が出始めていて逆ザヤも発生していると思いますが、多くの場合は織り込み済みかとは思いますが。

　　　　相対価格とマーケット価格の差をどうするかは、日本が再エネを主力電源化するために乗り越えていかなければいけないいくつかの壁の一つだと思います。将来状況が変わったときにまた右往左往しないように。自然エネルギーは変動しますが、化石燃料の値段や需給バランスも今まで以上に変動します。世界は未確定要素でいっぱいです。

江　田：おっしゃる通り、再エネ主力電源化というのはお二人のお話のように、新型コロナも含めた社会の変化をしっかりとらえて、かつ再エネ主力電源化という

のは新たなビジョンを打ち出せるチャンスでもあるってことですかね。

松　本：そうだと思います。政府は、再エネの主力電源化に向けた施策の方向性は打ち出していますが、さらに議論を詰めていこうというところで、パンデミックという事態に直面してしまいました。私がメンバーとして関わっている再生可能エネルギー大量導入・次世代電力ネットワーク小委員会の第4フェーズの議論も、本来は2020年4月に再開される予定でしたが、7月に開催されることになりました。審議会が再開された際には、再エネ主力電源化に向けて、エネルギー情勢の変化への対応も議題になると思います。

阪　口：はい、エネルギー情勢の変化や価格変動に対してどう対応するかはとても大事です。価格変動への耐性を向上させるには、やはり自給率を上げることが大事だと思います。時間がかかりますが。また、そのための再エネ発電施設や送電施設を作るためには資金が必要です。しかし、誰が何にお金を出してどうやって回収するかという議論が、日本ではやはり少ないように思います。「全部自前で」というのではスピード感が出ません。民間の企業をうまく活用して、そこに向かって機関投資家がお金を出して、でもちゃんと経営として成り立って、最終的に自給率を増やすことが大事だと、最近つくづく思います。

松　本：機関投資家を巻き込んで投資を促すという形は、日本でももっと拡がってほしいと思います。日本の場合、企業が新規のエネルギー設備の設備投資をするときに政府が補助金や助成金を出すケースは多いと思います。米国では、政府は初期コストを負担せずとも、民間企業を活用し、機関投資家に投資してもらうことで、再エネや蓄電池などのエネルギー設備が増えるというサイクルが生まれているわけですね。

阪　口：なので、機関投資家と開発業者と電力会社と送電会社がうまくタッグを組んでほしいのです。ポジティブスパイラルの仕組みを、日本も再エネ主力電源化の時にはちゃんと考えてほしいと思います。松本先生ぜひそういう委員会があったら、意見を言っといてください。（笑）

松　本：はい、わかりました！最近は、太陽光や風力、バイオマス、地熱など様々な再エネへのプロジェクトファイナンスの案件も増えてきています。政府の審議会や委員会でも金融関係の方が委員として参加されることが増えています。ただ、欧米に比べるとプロジェクト件数としてはまだまだ少ないと思います。

阪　口：個人的には日本では風力発電を大規模に導入して欲しいです。発電施設も送電施設も民間の資金を使って。

松　本：そうですね、洋上風力発電は日本が今後積極的に導入する計画ですが、2019年12月27日には、長崎県五島市沖が再エネ海域利用法に基づく促進区

域第１号の指定を受けました。秋田県の由利本荘市沖と能代市、三種町、男鹿市沖の２海域もこの７月以降促進区域に指定される見通しです。（注：秋田２区域、銚子沖も 2020 年 7 月 21 日促進区域に指定されました。）

阪 口：風力発電は夜間に発電してくれるし、コンスタントに電力が期待できます。場所にもよりますが…、カリフォルニアでは今は太陽光がメインですけど夜間のことを考えると、風力発電を増やした方が良いねという議論になってきています。ただ、カリフォルニア州では洋上風力発電はハードルが高いですし、送電線投資も簡単ではないです。

松 本：江田さんは新型コロナの感染拡大をきっかけに、これから社会でどんな変化が起きると思いますか？

江 田：自分自身も実感していますが、With コロナで生活のスタイルが大きく変わると感じています。例えば、今月４月中の私の打ち合わせの９割以上がオンライン会議になりました。以前は、１割もなかったです。会社も完全リモート化に変更して、今後も週１出社に変えようと考えています。生活のスタイルや仕事の仕方とか生き方が変わるので、それに応じてエネルギーが利用される場所や時間も大きく変わるのかなと。50 人規模の会社の経営者の方は、「テレワークで問題ないから地元に帰って親と暮らしながら社長やろうかな」と真剣に話していました。もちろん、そういった変化に素早く対応できるのは、アーリーアダプタータイプ（情報収集が早く流行に敏感なリーダー。＝オピニオンリーダー）の方だと思いますが、時間をかけながら多くの方に新しい生き方、働き方が浸透していくと思います。

　エネルギー分野以外でも地産地消が進むと思っています。いわゆる生活と仕事が一体化してく人が３、４割になる世界、特に若い人たちはここから働き始めると、それがノーマルになるので、10 年ぐらいするとそういう人たちがマジョリティになってくるのではないかと思います。

■ 脱炭素と持続可能な社会の実現　― 変えられる未来 ―

江 田：対談の最後にこれからの脱炭素と持続可能な社会についてのご意見をいただけますか？

阪 口：日本ではどうしても、脱炭素に自分はどう取り組めば良いのかとか、石炭の扱いも含めて日本は外国に取り残されるのではないかとか、会社は非常に厳しい状況なのでこれ以上規制を増やして欲しくないとか、政治への不満とか、いろいろな「モヤモヤ感」があると思います。でも、新しい持続可能な世界へ向けた「発想の切り替え」が比較的うまくいってるヨーロッパとかカリフォルニアとか

ハワイをモデルにすれば、いいビジネスチャンスになるし、自分たちの子供世代に綺麗で持続可能な日本を残せます。今はまだ時間がありますが、時間はあっという間に過ぎていきます。切り替えができないと「退場」につながります。僕の書いた第3章がそのための一助になってくれると嬉しいなと。

松　本：私は第1章では、地球温暖化問題への国際社会の対応や脱炭素社会の構築に向けた各国の施策や制度、SDGs や ESG 投資の潮流、日本の温暖化対策や再エネ主力電源化に向けた施策の方向性などについて書きました。第1章の中で掘り下げることができなかったのが省エネの分野についてです。例えば、今年1月下旬のドイツ視察の報告として、シュタットベルケによる公共バスの電動化や再エネ由来水素実証プロジェクトについて書いていますが、建物の省エネについても少し触れさせてください。

　ドイツでは熱の脱炭素化は省エネが大前提になっています。建造物で省エネを徹底させることによって脱炭素化を図り、さらに取り組みを進めるため、省エネの次に再エネを導入するという考え方なんですね。現地では、オスナブリュック市内のパッシブハウスのスクールを見学しましたが、一般的な学校と比べると75％も CO_2 排出削減を実現しているんですね。分厚い断熱材や断熱性能の高い木製三重ガラスサッシ、日射量に応じて自動調整できる外付けブラインドを採用したり、地中熱を利用した空気循環システムを導入しています。1月下旬の大変寒い時期でしたので、通常の学校だと廊下と教室の温度差が大きくなりますが、パッシブハウス・スクールは全館を通じてだいたい20℃を少し超えるぐらいで、とても快適でした。このパッシブハウス・スクールにはいい刺激を受けて、日本の建造物もまだまだ省エネの伸びしろはあると感じました。

　もう一点、第1章では触れなかった脱炭素化の伸びしろとして、物流改善もあります。ここ最近のインターネット通販市場の著しい成長にともない、宅配便の取り扱い件数が非常に増えていますよね。ライフスタイルの多様化で日中在宅の世帯が減り、宅配の再配達も増加しています。宅配便1回で受け取れないと、CO_2 排出量の増加や労働生産性の低下にもつながります。ところが、物流業界では、トラックドライバーの労働力不足が深刻化しています。大手宅配便会社は、大口顧客からの受取総量の抑制をしたり、消費税の税率引き上げに伴う運賃の改定をしていますが、現場のオペレーションの対応だけでは、労働生産性の向上にも限度があります。

　そうしたドライバー不足の中で人手を増やさずに物流を拡大していくには、IoT や AI を活用したり、モーダルシフトをしたり、輸配送の共同化、輸送網の集約などを進めることが最善策として、日本でも"物流革命"を目指した取り組

みが進められています。例えば、IoT や AI を活用した倉庫は在庫管理が瞬時に
わかり、また開発中の倉庫ロボットの性能が向上すれば、倉庫の中で荷物を棚か
ら下ろしたり、梱包したりする作業はロボットに任せることができるようになり
ます。サプライチェーンの上流から下流まで垂直の情報でつなぐことができるよ
うになれば、企業にとって機会損失を減らすことができます。また、AI がドラ
イバーに最適ルートの配送を提示してくれるようになると、労働生産性が向上し
ます。物流改善が進むことにより、物流会社は安定した事業経営ができ、顧客の
企業にとってもメリットは大きいと期待しています。

阪　口：今の松本先生の話聞いていて全くその通りだなと思います。アマゾンとか
でポチっとすると翌日届きとても便利だけど、今はマンパワーに依存しすぎな気
がしますよね。スマートシティへの取り組みも含めて、改善するところはいろい
ろあります。シリコンバレーではロボットや物流の改善に取り組んでいる人が割
と多くて新しい挑戦も始まっています。まだ実験レベルだけど、配送ロボットが
マウンテンビューの街の歩道をトコトコ走ってたりするとホッコリします。みな
さん、よちよち走行の配送ロボットを暖かい目で見ています。

松　本：今年のロボティクス展に行きましたが、おっしゃるような米国製の配送ロ
ボットが展示ブース内で動いていて注目を集めていました。倉庫ではまだ多くの
人の手がかかりますが、IoT や AI 技術を活用していくことで省人化や効率化
が進み、物流ビジネスは大きく変わってくると思います。

阪　口：モビリティでラストワンマイルというのがあるじゃないですか。物流でも
やっぱりラストワンマイルを新しい考え方で解決していかないと。日本はクロネ
コヤマトのお兄さんが最後のワンマイルは人手で階段を駆け上がって荷物持って
走っていて、あれはあれで一つなんですけどね。

松　本：ユーザーの最寄りにある基地局からユーザーまでを結ぶ配達の最後の区間
を、どれだけ効率よく結ぶか。物流現場では人手不足が深刻化していますので、
物流におけるラストワンマイルは、各物流企業が様々な取り組みを行っていると
ころです。消費者の立場として私個人の取り組みとして、再配達を防ぐため、ア
プリを利用して配達日時の変更をしたり、宅配ボックスを利用するようにしてい
ます。荷物を運びたくても、運んでくれる物流会社を見つけられないような状況
が生じていますので、阪口さんがお話された配送ロボットやドローンの導入を進
めてほしいですね。

江　田：まさに人じゃなくてもいいところは、ユーザー目線からも困ることがない
のであれば、テクノロジーに頼っていくのが大切だなと思います。そうするとビ
ジネスの形が大きく変わるのでしょうね。With コロナで会議や学校、物流をは

じめとする仕事の進め方が大きく変わりました。これまでなかなか変えるのが大変だったことも、みんなが一丸となればある程度変えられるんだということを社会全体で証明したことが大きいと思います。

　本気になれば、脱炭素化も進められるのではないでしょうか。環境破壊が疫病の拡がりに関係しているという説もありますから、持続可能な社会を目指すうえでどんどん変化をしていくことが大切だと感じています。

松　本：同感です。ある意味で新型コロナの感染拡大は世界規模で甚大な被害をもたらしましたが、他方で、私たちの働き方や生活の仕方をはじめ、経済対策や医療提供体制、環境保護、物流システムなど、社会的変革の分水嶺になるのではないかと思います。

〈参考文献・サイト URL〉

【第1章　世界の流れは「脱炭素化」へ】

- アル・ゴア、枝廣淳子訳（2017）「不都合な真実2」、実業之日本社
- マレーナ・エルンマン、グレタ・トゥーンベリ、羽根由訳（2019）「グレタたったひとりのストライキ」、海と月社
- ウィリアム・ノードハウス（2015）「気候カジノ　経済学から見た地球温暖化問題の最適解」、日経BP
- ヴッパータール研究所（2018）「ドイツと日本におけるシュタットベルケ設立の現状。インプットペーパー：日本国内のエネルギー供給における分散型アクターのためのキャパシティビルディングプロジェクト」
- ブルーノ・ラトゥール、川村久美子訳（2019）「地球に降り立つ〜新気候体制を生き抜くための政治」、新評論
- モニター・デロイト（2018）「SDGsが問いかける経営の未来」、日本経済新聞出版社
- レスター・ブラウン、枝廣淳子訳（2015）「大転換—新しいエネルギー経済のかたち」、岩波書店
- 有馬　純（2016）「精神論抜きの地球温暖化対策—パリ協定とその後」、エネルギーフォーラム
- 上野貴弘（2019）「COP24とパリ協定実施指針の解説」、電力中央研究所社会経済研究所、SERC Discussion Paper18002
- 上野貴弘（2016）「COP21 パリ協定の概要と分析・評価」、電力中央研究所
  https://criepi.denken.or.jp/jp/kenkikaku/report/leaflet/Y15017.pdf
- 植田和弘・山家公雄（2017）「再生可能エネルギー政策国際比較〜日本の変革のために」、京都大学学術出版会
- 牛山　泉（2019）「自然エネルギーが地球を救う『脱原発』への現実的シナリオ」、いのちのことば社
- 江田健二（2017）「エネルギーデジタル化の未来」、エネルギーフォーラム
- 茅　陽一、山地賢治、秋元圭吾（2014）「温暖化とエネルギー」、エネルギーフォーラム新書
- 小西雅子（2016）「地球温暖化は解決できるのか〜パリ協定から未来へ」、岩波ジュニア新書
- 関　正雄（2018）「SDGs経営の時代に求められるCSRとは何か」、第一法規
- 山家公雄（2020）「日本の電力改革・再エネ主力化をどう実現するRE100とパリ協定対応で2020年代を生き抜く」、インプレスR&D
- 山家公雄（2018）「『第5次エネルギー基本計画』を読み解く　その欠陥と、あるべきエネルギー政策の姿」Next Publishing、インプレスR&D

・山地賢治監修（2009）「新・地球温暖化対策教科書」、オーム社

・山本隆三（2020）『米国を怒らせた EU 国境炭素税、日本企業にも大きな影響　輸入品に含まれる炭素量の計測方法など 3 つの問題点も』

　http://ieei.or.jp/2020/04/yamamoto-blog200421/

・山本隆三「ドイツが苦悩する再エネ普及とビジネス」、http://ieei.or.jp/2016/12/yamamoto-blog161206/

・山本良一（2020）「気候危機」、岩波書店

・沖大幹、小野田真二（2018）「SDGs の基礎」、宣伝会議

・鬼頭昭雄（2015）「異常気象と地球温暖化—未来に何がまっているか」、岩波新書

・安田　陽（2019）「世界の再生可能エネルギーと電力システム　経済・政策編」、インプレス R&D

・環境省「カーボンプラインシングのあり方に関する検討会」、http://www.env.go.jp/earth/ondanka/cp/arikata/index.html

・経済産業省、長期地球温暖化対策プラットフォーム「国内投資拡大タスクフォース」https://www.meti.go.jp/committee/kenkyukai/energy_environment/ondanka_platform/kokunaitoushi/pdf/001_04_00.pdf

・資源総合システム「太陽光発電情報（2020 年 1 月号）」

・新電力ネット「非化石証書の価格推移」https://pps-net.org/non-fossil

・日本経済団体連合会「環境、エネルギー 2050 年を展望した経済界の長期温暖化対策の取組み」、https://www.keidanren.or.jp/policy/2019/001.html

・TCFD「ステータスレポート 2019」

【第 2 章　日本の「脱炭素化」への取り組み】

・中部地方環境事務所ホームページ

　http://chubu.env.go.jp/2015/CS15_S2.pdf　（脱炭素経営による企業価値向上促進のための環境省施策について、第 15 回地球温暖化に関する中部カンファレンス）

・株式会社 リコーホームページ

　https://jp.ricoh.com/environment/strategy/target.html　（リコーグループの環境目標（2030 年／ 2050 年目標））

　https://jp.ricoh.com/info/2019/0530_1/　（リコーグローバル SDGs アクション 2019）

・ソニー株式会社ホームページ

　https://www.sony.co.jp/SonyInfo/csr/eco/RoadToZero/gm.html　（Road to ZERO）

　https://www.sony.co.jp/SonyInfo/News/Press/201908/19-0821/　（国内初、メガワット級太陽光発電設備を活用した自己託送エネルギーサービスの基本契約の締結について）

・イオン株式会社ホームページ

https://www.aeon.info/sustainability/datsutanso/　（イオン脱炭素ビジョン 2050）

https://www.aeon.info/wp-content/uploads/news/pdf/2019/08/190823R_2.pdf　（「住宅用太陽光発電設備の余剰電力を活用した新たなサービス "WAON プラン" について」）

https://www.aeon.info/wp-c ontent/uploads/news/pdf/2019/07/190914R_1.pdf　（「"イオン藤井寺ショッピングセンター" ニュースリリース」）

https://www.aeonmall.com/files/management_news/1296/pdf.pdf　（「イオンモール堺鉄砲町における V2H・EV 充電器を活用した VPP 実証ならびにブロックチェーン技術を活用した環境価値取引実証の開始について」ニュースリリース）

・関西電力 株式会社ホームページ

https://www.kepco.co.jp/corporate/pr/2019/0725_1j.html

・近畿経済産業局ホームページ

https://www.kansai.meti.go.jp/3-9enetai/downloadfiles/2018/20190212jireihappyoudaiwahouse.pdf

・大和ハウス工業ホームページ

https://www.daiwahouse.com/about/community/case/

https://www.daiwahouse.com/about/release/house/20190228170325.html

・大川印刷株式会社ホームページ

https://www.ohkawa-inc.co.jp/category/green_printing/

https://www.ohkawa-inc.co.jp/category/ohkawa-journal/

https://www.ohkawa-inc.co.jp/2017/10/25/co2-zero-printing-co%e2%82%82%e3%82%bc%e3%83%ad%e5%8d%b0%e5%88%b7/

・エコワークス株式会社ホームページ

https://www.eco-works.jp/news/

https://www.eco-works.jp/concept/environment/

https://www.eco-works.jp/etc/sdgs/

https://www.eco-works.jp/concept/environment/#content-environment01b

・経済産業省ホームページ

https://www.meti.go.jp/main/31.html　（「予算・財政・財投」）

https://www.meti.go.jp/shingikai/enecho/denryoku_gas/datsu_tansoka/pdf/20190730_gaiyo_report.pdf　（総合エネルギー調査会　電気・ガス事業分科会　脱炭素化に向けたレジリエンス小委員会　中間整理概要）

https://www.meti.go.jp/main/yosan/yosan_fy2020/index.html

https://www.meti.go.jp/main/yosangaisan/fy2020/pdf/04.pdf　（「令和 2 年度　資源・エ

ネルギー関係概算要求の概要」)

https://www.meti.go.jp/shingikai/enecho/denryoku_gas/datsu_tansoka/pdf/20190730_
report.pdf （「総合資源エネルギー調査会 電力・ガス事業分科会 脱炭素化社会に向けた電力
レジリエンス小委員会 中間整理（2019 年 8 月）」）

・環境省ホームページ

https://www.env.go.jp/policy/zerocarbon.html （総合環境政策）

https://www.env.go.jp/guide/budget/r02/r02-beppyo-2.html （「令和 2 年度予算概算要求
事項別表　令和元年 12 月」）

http://www.env.go.jp/earth/post_46.html （「わかりやすい！主な事業の自治体・事業者向
け解説書」）

・長野県ホームページ

https://www.pref.nagano.lg.jp/ontai/kurashi/ondanka/shisaku/2019-2020keka/
documents/3.pdf （「長野県環境エネルギー戦略〜第三次 長野県地球温暖化防止県民計画〜
2017（平成 29）年度 進捗と成果報告書【概要】」

https://www.pref.nagano.lg.jp/kigyo/infra/suido-denki/denki/suiso/documents/stpanf.pdf
（「川中島水素ステーション（水素ステーション実証モデル事業）」）

https://www.pref.nagano.lg.jp/kurashi/kankyo/shisaku/index.html （施策・計画（環境保全））

【第 3 章　「脱炭素化」ビジネス】

・米国連邦エネルギー省（DoE : United States Department of Energy）

https://www.energy.gov

・米国連邦エネルギー規制委員会（FERC : United States Federal Energy Regulatory
Commission）

https://www.ferc.gov

・米国エネルギー情報局（US EIA : United States Energy Information Administration）

https://www.eia.gov/energyexplained/us-energy-facts/

・カリフォルニア州エネルギー委員会（CEC : California Energy Commission）

https://www.energy.ca.gov

・カリフォルニア州の電力系統独立運用機関（Cal ISO : California Independent System
Operator）

http://www.caiso.com/Pages/default.aspx

・カリフォルニア州のカリフォルニア州公益事業委員会（CPUC : California Public Utility
Commission）

https://www.cpuc.ca.gov/energy/

- カリフォルニア州のエネルギー統合ポリシーに関するレポート

  https://www.energy.ca.gov/data-reports/reports/integrated-energy-policy-report
- カリフォルニア州のキャップアンドトレード制度

  https://ww2.arb.ca.gov/our-work/programs/cap-and-trade-program
- カリフォルニア州の再エネ発電100％目標に関するサイト

  https://www.energy.ca.gov/sb100
- ハワイ州政府のエネルギーに関する情報

  https://energy.hawaii.gov/developer-investor/utility-resources
- ハワイ電力ホームページ

  https://www.hawaiianelectric.com
- ハワイ電力・デマンドレスポンスプログラム

  https://www.hawaiianelectric.com/products-and-services/demand-response
- カウアイ島公共事業協同組合ホームページ

  https://website.kiuc.coop
- 安田　陽「世界の再生可能エネルギーと電力システム」NextPublishing,,［経済・政策編］（2019）、［系統連系編］（2019）、［電力システム編］（2018）、［風力発電編］（2017）、インプレスR&D
- 山家公雄　（2019）「テキサスに学ぶ驚異の電力システム」NextPublishing、インプレスR&D
- 山家公雄　（2017）「アメリカの電力革命」エネルギーフォーラム新書、エネルギーフォーラム

索　引

執筆者紹介（五十音順）

江田健二（えだ　けんじ）

1977年、富山県生まれ。慶應義塾大学経済学部卒業後、アンダーセンコンサルティング（現アクセンチュア）に入社。エネルギー／化学産業本部に所属し、電力会社・大手化学メーカーなどを担当。アクセンチュアで経験したITコンサルティング、エネルギー業界の知識を活かし、2005年に起業後、RAUL（ラウル）株式会社を設立。一般社団法人エネルギー情報センター理事、一般社団法人エコマート運営委員、一般社団法人CSRコミュニケーション協会理事、環境省 地域再省蓄エネサービスイノベーション委員会委員（2018-2019）等を務める。

「環境・エネルギーに関する情報を客観的にわかりやすく広く伝えること」、「デジタルテクノロジーとエネルギー・環境を融合させた新たなビジネスを創造すること」を目的に執筆・講演活動などを実施。主な著書にAmazonベストセラー第1位（エネルギー一般関連書籍部門）となった『エネルギーデジタル化の未来』、『エネルギー自由化は「金のなる木」70の金言＋α』『ブロックチェーン×エネルギービジネス』など多数。

＊2章編集（図版作成）協力：鈴木祐子（すずき　ゆうこ）・望月瑛里（もちづき　えり）

阪口幸雄（さかぐち　ゆきお）

岡山大学理学部物理学科卒業後、日立にて最先端の半導体の開発に携わる。台湾系半導体ベンチャー企業の上級副社長を経て、2002年にシリコンバレーで起業。現在、クリーンエネルギー問題にフォーカスしたコンサルタント会社の代表を務める。シリコンバレーを中心に、エネルギー問題や新技術の研究を長期間行い、今後の動向や日本企業の取るべき方策についての明解なビジョンを持つ。専門分野は、エネルギー貯蔵、発送電分離、デマンドレスポンス、分散電源、太陽光発電、水素発電、電気自動車、等。日本の大手エネルギー企業、日本政府機関、大学のアドバイザーを多数務める。シリコンバレー在住30年。ビールとハワイの夕陽をこよなく愛する。

松本真由美（まつもと　まゆみ）

熊本県生まれ。上智大学外国語学部卒業。東京大学教養学部附属教養教育高度化機構環境エネルギー科学特別部門客員准教授。専門は環境・エネルギー政策論、科学コミュニケーション。研究テーマは、「エネルギーと地域社会との共存」、「環境・エネルギー政策の国際比較」「企業の環境経営動向」等、環境とエネルギーの視点から持続可能な社会のあり方を追求する。大学在学中から、TV朝日報道番組のキャスター、リポーター、ディレクターとして取材活動を行い、その後、NHK BS1でワールドニュースキャスターとして6年間報道番組を担当。2003年以降、環境NPO活動に携わる。2008年5月より研究員として東京大学での環境・エネルギー分野の人材育成プロジェクトに携わり、2014年4月より現職。総合資源エネルギー調査会「再生可能エネルギー大量導入・次世代電力ネットワーク小委員会」等、政府の審議会・委員会の委員も多数務める。現在は教養学部での学生への教育活動を行う一方、講演、シンポジウム、執筆など幅広く活動する。NPO法人国際環境経済研究所（IEEI）理事、NPO法人再生可能エネルギー協議会（JCRE）理事。

「脱炭素化」はとまらない！
— 未来を描くビジネスのヒント —

定価はカバーに
表示してあります

2020 年 8 月 28 日　初版発行
2021 年 4 月 28 日　　4 版発行

共著者　江田健二　阪口幸雄　松本真由美
発行者　小　川　典　子
印　刷　倉敷印刷株式会社
製　本　東京美術紙工協業組合

発行所　株式会社　成山堂書店
〒160-0012　東京都新宿区南元町 4 番 51　成山堂ビル
TEL：03（3357）5861　FAX：03（3357）5867
URL　http://www.seizando.co.jp
落丁・乱丁本はお取り換えいたしますので，小社営業チーム宛にお送りください。

みんなが知りたいシリーズ 8 エネルギーと環境問題の疑問 55

刑部真弘　著
四六判・224 頁・定価 本体 1,600 円（税別）
ISBN978-4-425-69101-2

地球温暖化対策のために、石油・石炭・天然ガスなどの化石燃料からの転換が早期に求められている現在において、それらの代替エネルギーとして利用されそのシェアも伸ばしている再生可能エネルギーや効率の良いエネルギーの作り方、利用の仕方を Q & A 式で解説。
＊在庫僅少。amazon にて電子版を好評発売中！

再生可能エネルギーによる循環型社会の構築

石田武志　著
A5 判・176 頁・定価 本体 2000 円（税別）
ISBN978-4-425-98511-1

2030 年までの国際目標として掲げられた「持続可能な開発目標（SDGs）」には、分野ごとに 17 のゴールおよび 169 のターゲットが示されている。その達成のためには、個々の政府・企業・非営利法人などの活動が一層重要になってきているが、同時に、現在の産業文明の構造自体から考え直して、真に持続可能な文明の形を考えていく必要がある。本書では、その方法の一つとして考え方やシナリオを提示、今後の世界や日本の進むべき方向を考えるための議論のたたき台、指針となる内容。